DIE INDIVIDUELLE ENTWICKELUNGSKURVE DES MENSCHEN

EIN PROBLEM DER MEDIZINISCHEN KONSTITUTIONS- UND VERERBUNGSLEHRE

VON

DR. HERMANN HOFFMANN

PRIVATDOZENT FÜR PSYCHIATRIE AN DER
UNIVERSITÄT TÜBINGEN

MIT 8 TEXTABBILDUNGEN

BERLIN

VERLAG VON JULIUS SPRINGER

1922

ISBN-13: 978-3-642-89865-5   e-ISBN-13: 978-3-642-91722-6
DOI: 10.1007/978-3-642-91722-6

Vorwort.

Die Gedanken, die ich in dieser kleinen Schrift entwickelt habe, lassen sich heute wohl mit einer gewissen Wahrscheinlichkeit erschließen, aber zunächst noch nicht sicher beweisen. Es lag mir daran, eine bestimmte Fragestellung aufzuwerfen, die von der allerdings sehr einleuchtenden Annahme ausgeht, daß konstitutionelle Anomalien und Krankheiten im Grunde nur quantitative Abweichungen von der mannigfachen normalen Eigenart sind. Das quantitative Mißverhältnis in dem biologischen Kräftespiel eines Organismus schafft Abnormitäten der Entwickelung.

Ferner möchte ich an dieser Stelle noch einmal ausdrücklich betonen, daß ich mit bewußter Einseitigkeit nur den konstitutionellen Standpunkt vertreten, allein den Faktor der ererbten Anlage herausgearbeitet habe, ohne die milieubedingten Modifikationen zu berücksichtigen.

Trotz dieser Einschränkung glaube ich, daß die von den Goldschmidtschen Untersuchungen ausgehende dynamische Betrachtungsweise der Konstitutions- und Erblichkeitsforschung nützlich und förderlich sein wird.

Tübingen, im Juli 1922.

H. Hoffmann.

Inhaltsverzeichnis.

I. Erbbiologische Einleitung. Die Quantität der Anlagen (Goldschmidt).

Die medizinische Vererbungsforschung hat bisher und wird auch in Zukunft ihre Hauptaufgabe d a r i n erblicken müssen, die Ergebnisse der Vererbungsuntersuchungen in der Botanik und Zoologie auf menschliche Verhältnisse zu übertragen. Wir wissen, daß wir bei diesem Versuch häufig auf erhebliche Schwierigkeiten stoßen, da wir beim Menschen niemals exakte Vererbungsexperimente anstellen können. Immerhin sind wir heute schon imstande, eine Reihe von erblichen Anomalien und Krankheiten, zum mindesten in groben Zügen, nach den Gesichtspunkten der *Mendel*schen Regeln zu analysieren. Doch liegen die Dinge in vielen Fällen, vor allem auf psychiatrischem Gebiet derart verwickelt, daß von medizinischer Seite immer wieder Stimmen laut wurden, die in der m a t h e m a t i s c h e n K o m b in a t i o n s r e c h n u n g der E r b f a k t o r e n t h e o r i e nicht des Rätsels l e t z t e Lösung sahen.

Aus jüngster Zeit liegen nun Untersuchungen des Biologen *Goldschmidt*[1]) vor, die uns wesentliche neue Gedanken bringen. Es handelt sich um ausgedehnte Experimente über die Vererbung des G e s c h l e c h t s bei S c h m e t t e rl i n g e n, deren theoretische Deutung dem Mediziner manche Anregungen und Ausblicke gibt und uns vielleicht manch

---

[1]) *Goldschmidt, R.*: Die quantitative Grundlage von Vererbung und Artbildung. Berlin, Julius Springer. 1920.

rätselhafte Erscheinung in der menschlichen Biologie verständlich machen kann.

Goldschmidt kreuzte verschiedene Schwammspinnerrassen untereinander. Bei bestimmten Kreuzungen traten Nachkommen auf, die hinsichtlich ihrer Geschlechtscharaktere intersexuelle Zwischenstufen darstellten; andere Kreuzungen ergaben normale Nachkommenschaft. So ergab z. B. die Kreuzung von Weibchen der Rasse A mit Männchen der Rasse B nur normale Nachkommen. Bei der umgekehrten Kreuzung von Männchen der Rasse A mit Weibchen der Rasse B waren alle männlichen Nachkommen normal, alle, die weiblich sein sollten, intersexuell. Eine Kreuzung zwischen zwei anderen Rassen zeigte ein ähnliches Resultat, aber mit normalen Weibchen und intersexuellen Männchen. Der Grad der Intersexualität war für jede bestimmte Kreuzung stets typisch. Ein Weibchen der Rasse A ergab vielleicht mit einem Männchen der Rasse M stets normale Nachkommen; dasselbe Weibchen erzeugte mit einem Männchen der Rasse N eine Nachkommenschaft, in der alle genetischen Weibchen leicht intersexuell waren, mit einem Männchen der Rasse O mittelstark intersexuelle Weibchen, mit einem Männchen der Rasse P stark intersexuelle Weibchen und mit einem Männchen der Rasse Q genetische Weibchen, die völlig in Männchen umgewandelt waren.

Die eingehende Analyse dieser experimentellen Tatsachen führte zu folgendem Ergebnis:

1. Jedes Ei kann sich zu dem einen oder anderen Geschlecht oder irgendeiner sexuellen Zwischenstufe ent-wickeln.

2. Jedes Individuum besitzt alle die für die Entwicklung der Charaktere beider Geschlechter notwendigen Elemente.

3. Diese Elemente oder Substanzen haben bestimmte quantitative Beziehungen zueinander, die dafür verant

wortlich zu machen sind, daß die eine oder andere Geschlechtsdifferenzierung oder auch sexuelle Zwischenstufen entstehen.

4. Trifft ein Spermatozoon mit bestimmter Quantität der e i n e n Geschlechtssubstanz mit einem Ei zusammen, dessen korrespondierende a n d e r e Geschlechtssubstanz in ihrer Quantität nicht auf die des Spermatozoons abgestimmt ist, so wird das Gleichgewicht in bestimmter q u a n t i t a t i v e r Weise gestört.

Diese hier in den 4 T h e s e n festgelegten Tatsachen wollen wir etwas eingehender betrachten. Wir wissen also, daß b e i d e Geschlechtsindividuen bei höheren Tieren und auch beim Menschen die Faktoren für j e d e s Geschlecht enthalten. Beide Anlagen können in jedem Fall in Erscheinung treten. Die Entwicklung eines bestimmten Geschlechtes hängt ausschließlich von dem quantitativen Verhältnis der beiden Geschlechtsanlagen ab. Bezeichnen wir den Weiblichkeitsfaktor mit W, den Männlichkeitsbestimmer mit M, so ist die Faktorenformel für die beiden Geschlechter beim Menschen $MMWw =$ Männlich, $MMWW =$ Weiblich. Das männliche Geschlecht ist heterozygot im Weiblichkeitsfaktor, das weibliche dagegen homozygot; diese W-Faktoren sind im sog. Geschlechts- oder X-Chromosom enthalten, welches im männlichen Geschlecht einfach, im weiblichen jedoch paarweise vertreten ist. Der Männlichkeitsfaktor ist, so nimmt man an, in den übrigen Chromosomen (Z) lokalisiert und in seiner Anlage konstant. Die Vererbung des Geschlechts geht nunmehr so vor sich[1]):

---

[1]) Die Lokalisation der Geschlechtsfaktoren W und M in den zugehörigen Chromosomen X und Z ist mit ○ angezeigt. Das Fehlen eines X-Chromosoms im männlichen Geschlecht ist durch $\left(\begin{smallmatrix} x \\ w \end{smallmatrix}\right)$ ausgedrückt.

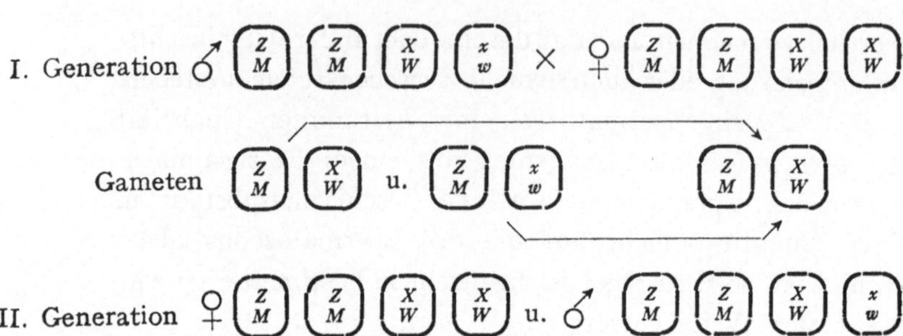

W und M wirken, so sagt *Goldschmidt*, unabhängig voneinander mit quantitativ bestimmter Stärke (Valenz); diese ist entscheidend für das Resultat. Die Quantitäten sind nun normalerweise derartig abgestimmt, daß zwei W über die Männlichkeitsanlage triumphieren, jedoch ein W von dieser zugedeckt wird. *WW* ist epistatisch über *MM* und dieses wiederum epistatisch über *W*. Es besteht also zwischen den beiden Anlagen eine bestimmte quantitative Kräftespannung, die durch einfache oder paarweise angelegte *W*-Faktoren entweder nach der einen (männlichen) oder anderen (weiblichen) Seite hin phänotypisch gelöst wird. *Goldschmidt* nahm nun auf Grund seiner Untersuchungen hypothetisch an, daß man die Valenz dieser Anlagen messen könnte. Nach seinem Beispiel setzen wir die Männlichkeitsanlage — wir wollen sie der Einfachheit halber nur mit *M* bezeichnen — gleich 80 Einheiten, während wir einem Weiblichkeitsfaktor 60 Einheiten geben. In der männlichen Formel *MWw* wäre dann *M* um 20 Einheiten stärker als *W*, in der weiblichen Formel *MWW* wären dagegen die zwei *W* mit dem Wert 120 um 40 Einheiten stärker als *M* = 80. Vielleicht genügt, so meint *Goldschmidt*, schon das kleinste Überwiegen des einen Teils über den anderen, um letzteren zu unterdrücken; oder aber es ist ein bestimmtes epistatisches Minimum notwendig, damit eine Geschlechtsanlage über die andere das Übergewicht bekommt. Nehmen wir einmal an, dies Minimum betrage 20 Einheiten, dann hätten wir ein Männchen, wenn $M - W = 20$ und ein Weibchen, wenn $WW - M = 20$ wäre. Bezeichnen wir die Differenz zwischen den Valenzen beider Anlagen mit e, und charakterisieren wir die männliche Anlage mit +, die weibliche mit —, dann erhalten wir für das männliche Geschlecht den Grenzwert (epistatisches Minimum) + 20 und für das weibliche Geschlecht — 20. Alle Werte, die zwischen diesen beiden Grenzwerten liegen, geben intersexuelle Individuen, also pathologische Typen. Wird das epistatische Minimum nach der positiven Seite beim männlichen, nach der negativen Seite beim weiblichen Geschlecht (z. B. + 40 oder — 40) überschritten, so ist der spez. Sexualcharakter mehr und mehr gefestigt, wir haben einen normalsexuellen Typus.

Die schematische Darstellung (Abb. 1) diene zur näheren Erläuterung:

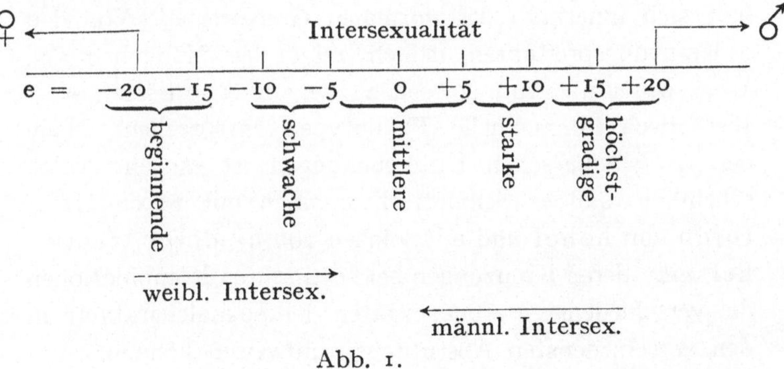

Abb. 1.

Versuchen wir nunmehr, an einzelnen Kreuzungsbeispielen uns diese Verhältnisse klar zu machen:

Zunächst ein gewöhnlicher Fall mit normaler Wertigkeit der Geschlechtsanlagen:

$$M \quad W \quad W \quad \times \quad M \quad Ww \quad = \quad M \quad W \quad W \quad + \quad M \quad Ww$$
$$+80 \; -60 \; -60 \qquad +80 \; -60 \qquad +80 \; -60 \; -60 \qquad +80 \; -60$$
$$\text{♀} \qquad\qquad \text{♂} \qquad\qquad \text{♀} \qquad\qquad \text{♂}$$

Die Differenz zwischen den beiden gegensätzlichen Anlagekomplexen bleibt sich in diesem Falle immer gleich. Es ergibt sich für das männliche Geschlecht $e = +20$, für das weibliche $e = -40$.

Der zweite Fall wird uns abnorme Verhältnisse demonstrieren:

$$M \quad Ww \quad \times \quad M \quad W \quad W \quad = \quad M \quad W \quad W \quad + \quad M \quad Ww$$
$$+80 \; -60 \qquad +100 \; -80 \; -80 \qquad +80 \; -80 \; -60 \qquad +80 \; -80$$
$$\text{♂} \qquad\qquad \text{♀} \qquad\qquad \text{♀} \qquad\qquad \text{♂}$$

Die Ausgangstypen, in ihrer Wertigkeit voneinander verschieden, sind jeder für sich normal. Auch das Weibchen, welches in der Anlagenvalenz vom ersten Beispiel abweicht, hält sich innerhalb des normalen Grenzwertes. Von den 2 Kreuzungsprodukten jedoch zeigt das Männchen den Wert o. Auf Abb. 1 sehen wir, daß diesem Wert theoretisch intersexuelle Phänotypen entsprechen. Nach den *Goldschmidt*schen Untersuchungen ist es sehr wahrscheinlich, daß es Schmetterlingsrassen mit Sexualfaktoren von hoher und mit solchen von niederer Wertigkeit gibt, deren Kreuzungen bei bestimmten Kombinationen die verschiedensten Abnormitäten der Sexualcharaktere in den verschiedensten Abstufungen aufweisen können. Abnorme intersexuelle Phänotypen erscheinen also dann, wenn zwei gegensätzliche (männliche und weibliche) Anlagequantitäten nicht aufeinander abgestimmt sind und dadurch das Gleichgewicht in bestimmter quantitativer Weise gestört ist.

Bei Betrachtung eines einzelnen intersexuellen Individuums zeigte sich, daß nicht jedes Organ eine bestimmte Organisationsstufe zwischen den Geschlechtern repräsentierte, sondern daß sich die verschiedenen Organe in bezug auf ihre sexuelle Differenzierung ganz verschieden verhielten. *Goldschmidt* fand z. B. intersexuelle Weibchen (Weibchen nach der Geschlechtschromosomen- und Geschlechtsfaktorenbeschaffenheit), bei denen ein bestimmtes Organ schon völlig männlich, ein anderes noch ganz weiblich, ein drittes an seiner Basis weiblich und am Ende männlich war. So konnte er bei den einzelnen Gradabstufungen der intersexuellen Typen als Ganzes betrachtet, die verschiedensten Zustände hinsichtlich der sexuellen Differenzierung der einzelnen Organe beobachten. Die genaue Analyse ergab, daß diejenigen Organe den Charakter des anderen Geschlechtes annahmen, die sich entwicklungsgeschichtlich später differenzieren, während die sich früh differenzierenden Organe auch noch bei hochgradiger Intersexualität das ursprüngliche Geschlecht beibehielten. Demnach wäre das Verhalten bei der geschlechtlichen Differenzierung der einzelnen Organe eine Funktion der Reihenfolge der ontogenetischen Entwicklung. Bis zu einem gewissen Punkte entspricht die geschlechtliche Differenzierung dem ursprünglichen (genetischen) Geschlecht (unter Kontrolle der einen Geschlechtssubstanz), um dann (unter Kontrolle der anderen Geschlechtssubstanz) nach dem entgegengesetzten Geschlecht umzuschlagen. Alle Organe, die sich vor diesem „Drehpunkte" differenzieren, tragen im Falle weiblicher Intersexualität weiblichen Charakter, während die sich später differenzierenden Organe männlich sind; und zieht sich der „Drehpunkt" infolge langsam einsetzender Wirkung der entgegengesetzten Geschlechtssubstanz zeitlich in die Länge, so sind die Organe, welche sich in diesem Zeitraum differenzieren, weiblich in ihrem Anfangs- und männlich in ihrem Endwachstum, sie tragen gemischt-geschlechtlichen Charakter. Die Wendung in der geschlechtlichen Differenzierung zum entgegengesetzten Geschlechtstypus kann in einem Fall früh, im anderen später erfolgen. Das Maß der Intersexualität ist also der Ausdruck für die zeitliche Lage des „Drehpunktes" in der Ontogenese. Je früher er einsetzt, desto stärker ist die Intersexualität.

Diesen bestimmten, bei den einzelnen intersexuellen Individuen sehr verschiedenen Zeitkoeffizienten verknüpft *Goldschmidt* nun mit der Quantität der Anlagen, denen die Geschlechtsdifferenzierung zufällt. Die Geschlechtsdeterminanten bedingen oder beeinflussen eine bestimmte Reaktion in der Ontogenese, deren Einsetzen, Geschwindigkeit und vitale Energie der Quantität oder Potenz jener Determinanten proportional ist.

Nicht nur bei der Entstehung der Geschlechtscharaktere, sondern auch bei der Entwicklung anderer phänotypischer Eigenschaften, z. B. bei der Pigmentierung konnte *Goldschmidt* nachweisen, daß auch dieser Vorgang mit größerer oder geringerer Geschwindigkeit verlaufen kann. Einmal entwickelt der Pigmentierungsfaktor das Maximum seiner Wirkung schon sehr früh, im anderen Falle kommt er anfangs nur sehr wenig zur Geltung, steigert sich aber im Laufe der Entwicklung mehr und mehr, so daß er, wenn auch verspätet, sein Leistungsmaximum noch erreicht; im dritten Fall erreicht er diese Höhe nie, das Endresultat ist vielmehr nur eine ganz geringe Pigmentbildung. Er nimmt auch hier an, daß diese Verschiedenheiten der Pigmententwicklung durch verschiedene quantitative Zustände ein und desselben Pigmentierungsfaktors bedingt seien. Die Quantität des Erbfaktors, der dieser Entwicklungsreihe zugrunde liegt, gibt ihr eine bestimmte Geschwindigkeit und läßt sie dementsprechend bald schneller bald langsamer zu einer bestimmten Höhe ansteigen, die ebenfalls der quantitativen Energie des Erbfaktors proportional ist.

Betrachten wir nun unter diesem Gesichtswinkel die morphologische Entwicklung eines höheren Organismus. Wir wissen, daß das harmonische Zusammenwirken von mehreren Faktoren erforderlich ist. Sehr wesentlich sind einmal die den Geweben selbst innewohnenden autochthonen Entwicklungsenergien, ferner sämtliche das Wachstum auf humoralem Wege regulierenden bzw. fördernden oder hemmenden Blutdrüsen und endlich das die Gewebe und die Blutdrüsen steuernde Nervensystem. In letzter Zeit hat besonders die individuelle Blutdrüsenformel viel von sich reden gemacht, die zweifellos von großer Bedeutung für die ontogenetische Entwicklung ist. Ich erwähne hier nur einzelne Beispiele: Die Wirkung der Geschlechtsdrüsenhormone auf Körperbau und äußere Erscheinungsform, die Beeinflussung von Wachstum und Verknöcherung durch die Thyreoideahormone, die Regulierung der histologischen Differenzierung des Skelettes durch die Thymushormone, den Einfluß der Hypophysenhormone auf Wachstum und Differenzierung usw. Eine unübersehbare Fülle von Tatsachen lassen uns die große Bedeutung erkennen, die den endokrinen Drüsen für die Entwicklung, für Stoffwechsel und Chemismus, für

Nerven und Muskelfunktionen zugedacht ist. Der normale Lebensgang eines Organismus ist nun in hohem Maße nicht nur davon abhängig, daß diese spez. Hormone überhaupt produziert werden, sondern daß sie auch zur rechten Zeit und mit der nötigen Energie einsetzen. Sie müssen in bestimmtem, feststehendem Rhythmus zeitlich genau koordiniert sein. Wir können uns denken, daß z. B. eine bestimmte Blutdrüsenfunktion normalerweise erst einsetzen darf, wenn eine andere schon ihren Höhepunkt erreicht oder mehr weniger abgeschlossen ist. Eine zeitliche Verschiebung im normalen Rhythmus des endokrinen Geschehens könnte unter Umständen bestimmte Störungen zur Folge haben. Diese Geschwindigkeit der Entwicklung und die Funktionsenergie würden nach der *Goldschmidt*schen Theorie mit der Quantität der Anlagen zusammenhängen.

Doch dürfen wir den Organen der inneren Sekretion nicht alles zur Last legen. Es kann sich bei ihnen stets nur um eine Beeinflussung, nicht aber um eine ausschließliche Bestimmung des Entwicklungsganges handeln. Nicht minder wichtig sind die Gewebe selbst mit der ihnen eigenen Entwicklungsenergie und die Regulation durch das Nervensystem. Diese drei Komplexe können wir uns als selbständige Entwicklungsreihen denken, die in bestimmter qualitativer und quantitativer Korrelation zueinander stehen müssen, falls eine normale Entfaltung und eine harmonische Funktionsbasis des Organismus geschaffen werden soll. Jede dieser drei komplexen Entwicklungsreihen läßt sich theoretisch wieder in einzelne Elemente — die einzelnen Blutdrüsen, die verschiedenen Organgewebe — aufspalten, die wiederum selbständige Entwicklungstendenzen besitzen und ebenfalls mehr oder minder feste korrelative Beziehungen haben.

Wir können uns die mannigfachsten hemmenden und fördernden Einflüsse ausmalen. Einmal könnte es so sein, daß die Energie, die einer bestimmten Entwicklungsreihe eigen ist, ein bestimmtes Maß nicht übersteigen darf, wenn sie nicht infolge der biologischen Korrelation einen anderen relativ geringer potenzierten Prozeß zu übermäßig starker Funktion und zu allzu rascher Verausgabung anreizen soll. Ebenso mag die zu gering angelegte Potenz eines biologischen Teilprozesses auf andere Entwicklungsreihen lähmend wirken und diese in ihrer Entfaltung mehr oder weniger hemmend beeinflussen. Andererseits aber wäre es denkbar, daß dieser gleichsinnigen Form der Bewirkung eine ausgesprochen antagonistische Korrelation gegenüberstünde, bei der z. B. eine hochpotenzierte Anlage die ihr entsprechende relativ geringer potenzierte Gegenanlage in ihrer Entfaltung mehr oder weniger beschränken oder sogar vollständig unterdrücken könnte. Sicheres wissen wir nicht. Wir dürfen aber vermuten, daß die Gestaltung einer bestimmten Entwicklungsreihe von zwei Faktoren abhängig ist; einmal von der eigenen Potenz, dann aber auch von der Potenz der auf sie einwirkenden anderen Entwicklungsreihen. Wir werden auf diese Gedanken, die wir zunächst nur als eine sehr wahrscheinliche theoretische Vermutung hinnehmen wollen, später noch zurückkommen.

II. Die körperliche Entwicklungskurve.

Die *Goldschmidt*sche Theorie ist außerordentlich einleuchtend und läßt sich, wie wir erkennen werden, sehr gut auch auf menschliche Verhältnisse anwenden. Wir wollen zunächst die körperliche Entwicklung betrachten. Die Lebenskurve jedes Menschen pflegt in der Zeit der Evolution bis zu einem bestimmten Entwicklungshöhepunkt anzusteigen, sie hält sich eine bestimmte Zeitlang in dieser Höhe, um dann in der Phase der sexuellen und später der senilen Involution unter den Zeichen der Abnützung und der zunehmenden Destruktion abzufallen. Der evolutive und involutive Abschnitt der Entwicklung nimmt eine gewisse Zeit in Anspruch, die bei den einzelnen Menschen sehr verschieden bemessen sein kann. In ihren extremen Varianten können diese Entwicklungsphasen zu ausgesprochenen Anomalien führen, die in einem zu raschen oder zu langsamen Ablauf des Reifungs- oder Verfallprozesses ihre Ursache haben. Die abnorme Geschwindigkeit kann, wie jede Erscheinung, im organischen Geschehen durch äußere Umstände oder durch endogene Faktoren bedingt sein. Wir wollen uns hier nur für die letzteren interessieren, die für gewöhnlich als evolutive und involutive Konstitutionsanomalien bezeichnet werden.

Unter den evolutiven Konstitutionsanomalien ist der Komplex der Entwicklungshemmungen, der Infantilismen, besonders wichtig. Wird der Entwicklungshöhepunkt vom Gesamtorganismus oder von einzelnen seiner Teile entweder überhaupt nicht oder erst auffallend spät erreicht, so fassen wir diese Erscheinungen in den Begriff des Infantilismus zusammen. „Infantilismus bedeutet somit die anomale Persistenz eines bestimmten de norma in kürzerer Zeit vorübergehenden Entwicklungsstadiums des Organismus und zwar entweder des Gesamtorganismus oder nur einzelner seiner Organe oder Organsysteme" (*J. Bauer*)[1]. Demnach unterscheiden wir einen Infan-

---

[1] Die konstitutionelle Disposition zu inneren Krankheiten. Julius Springer, Berlin 1920.

tilismus universalis und einen Infantilismus partialis. Mit Recht betont *Bauer*, daß der Infantilismus universalis ein seltenes Vorkommnis sei. Mir erscheint es sehr zweifelhaft, ob der Infantilismus universalis als rein konstitutionelle Erscheinung überhaupt vorkommt. Denn bei einer konstitutionellen Entwicklungshemmung müssen wir verlangen, daß außer hemmenden Faktoren andere Anlagen vorhanden sind, die als treibende Kräfte der Entwicklung anzusehen sind. Es handelt sich daher stets um ein Kräftespiel der Anlagen, dessen Resultante sich kaum jemals in einer Hemmung sämtlicher Anlagen äußern wird. Jedoch ist es wohl denkbar, daß äußere Faktoren z. B. Keimschädigung oder mangelhafte Ernährung eine Verzögerung der gesamten Entwicklung zur Folge haben.

Der partielle Infantilismus ist für die Frage der Konstitutionsanomalien dagegen von weittragender Bedeutung. Die Infantilismen können entweder einzelne Organe mehr oder minder isoliert oder aber ganze Organsysteme betreffen. Als Beispiel greifen wir den partiellen Infantilismus des Sexualapparates, den sog. Eunuchoidismus heraus, bei dem die Entwicklung ohne den normalerweise wirksamen Einfluß der innersekretorischen Keimdrüsenelemente, oder nur unter sehr schwacher Beteiligung derselben vor sich geht. Ein derartiger Infantilismus kann sich zu einer Dauererscheinung manifestieren, er kann aber auch als vorübergehender Pubertätseunuchoidismus nur durch ein zeitweiliges relatives Zurückbleiben der Keimdrüsenfunktion in der Wachstumperiode bedingt sein. Es liegt also in diesem Falle offenbar ein Mißverhältnis zwischen den Keimdrüsen und den übrigen Drüsen des endokrinen Systems vor, das im

einen Falle nur zu einer vorübergehenden Wachstums-
korrelation führt, sich also allmählich ausgleicht, im anderen
Falle aber das ganze Leben hindurch bestehen bleibt.

Übertragen wir diese Tatsachen in die Sprache der *Goldschmidt*schen Theorie, so werden wir annehmen können,
daß bei der vorübergehenden eunuchoiden Störung die Entwicklungskurve der Keimdrüsenfunktion mit geringerer
Geschwindigkeit ansteigt, als die übrigen endokrinen Entwicklungsreihen, und infolgedessen später ihren Höhepunkt
erreicht als diese. Ihre voll entwickelte Funktion, wenn
auch später zur Entfaltung gebracht, reicht jedoch aus,
um im weiteren Verlauf der anderen Entwicklungsreihen
gegenüber das Gleichgewicht zu halten. Der Eunuchoidismus ist daher nur vorübergehend. Dagegen können wir
bei dem dauernden Eunuchoidismus vermuten, daß
die sexualbiologische Entwicklungsreihe zu spät und mit
derartig geringer Geschwindigkeit, mit so schwacher Energie
einsetzt, daß sie niemals die erforderliche normale Funktions-
fähigkeit erlangt und daher nicht imstande ist, den eunuchoiden Habitus in der weiteren Entwickelung auszugleichen.
Ähnliche Gedanken, hat vor kurzem *Salge*[1]) geäußert über
die konstitutionellen Anomalien im Kindesalter,
die meistens nichts anderes seien als Übertreibungen an sich
normaler Eigenschaften und Vorgänge. „Die weiteren
Maschen des Lymphsystems, der größere Saftreichtum der
Gewebe sind eine physiologische Eigentümlichkeit des
jüngeren Kindes. Ist diese Eigentümlichkeit aber in über-
triebenem Maße ausgebildet, dann sprechen wir von Lym-
phatismus.“ Meistens gleichen sich diese Anomalien des

---

[1]) *B. Salge:* Die Bedeutung der Geschwindigkeit der Entwicklung für die Konstitution. Zeitschr. f. Kinderheilk. Bd. 30,
H. 1/2, S. 1—2, 1921.

Säuglings- oder Kindesalters in späteren Jahren aus, so daß an dem älteren Kind oder gar im erwachsenen Alter kaum etwas von der abnormen Konstitution mehr zu erkennen ist. Viele dieser konstitutionellen Störungen finden sich normalerweise in einer früheren Entwicklungsperiode; durch eine Verzögerung einer partiellen Entwicklungsreihe wird hier der abnorme Zustand geschaffen. „Die normale oder anomale Beschaffenheit des kindlichen Körpers in bestimmten Entwicklungsabschnitten ist abhängig von der Geschwindigkeit der Entwicklungsvorgänge, und viele als konstitutionelle Anomalien bezeichnete Zustände sind nichts anderes als verspätete Entwicklungsstadien." Auch *Salge* faßt seine Ansicht dahin zusammen, daß eine Reihe pathologischer Zustände durch eine ungleichmäßige Geschwindigkeit der Entwicklung in verschiedenen Geweben und Organen bedingt sei.

Eine erheblich geringere Bedeutung hat unter den evolutiven Konstitutionsanomalien das Gegenstück des Infantilismus, die sog. Frühreife oder Pubertas praecox, wie wir das verfrühte Einsetzen der Reifezeit des menschlichen Organismus bezeichnen. Sie beruht vielfach auf „autochton bedingtem partiellem Vorauseilen gewisser Organe in der Entwicklung" (*Bauer*) oder sie hängt mit Anomalien der endokrinen Drüsen zusammen, die erst sekundär eine zu rasche partielle Entwicklungsgeschwindigkeit bestimmter Organe oder Organsysteme zur Folge haben. *Bauer* führt für diesen Komplex der Entwicklungsstörungen ein charakteristisches Beispiel an: eine Familie, in der Mutter und Tochter durch ein ungewöhnlich vorzeitiges Einsetzen der Menses auffallen. Die 25jährige Mutter hatte ihre Menses mit 7 Jahren bekommen, bei ihrer 7 jährigen Tochter trat die Menstruation schon mit 2 Jahren auf, ohne daß sonstige Zeichen von Frühreife vorhanden gewesen wären. Derartige Fälle sind nicht so sehr selten und das familiäre Auftreten legt die Vermutung der Erblichkeit dieser Störungen nahe. Der somatischen Frühreife braucht nicht immer eine psychische Frühreife zu entsprechen, wie wir bei der Besprechung der psychischen Entwicklungsreihe sehen werden.

Den bis jetzt besprochenen Störungen des progressiven Entwicklungsstadiums entsprechen in der regressiven Entwicklungsperiode andere Anomalien, die ganz ähnlich zu erklären sind. Ebenso wie das Wachstum und die allmähliche funktionelle Entfaltung des Organismus geht auch die Involution der Organe nicht völlig gleichmäßig und gleichzeitig vor sich. Wiederum können individuelle Abweichungen von der gesetzmäßigen Norm auch hier konstitutioneller oder konstellativ-erworbener Natur sein; nur die konstitutionellen Anomalien sollen hier berücksichtigt werden. Sie bestehen entweder darin, daß die allgemeine Involution abnorm frühzeitig oder abnorm spät einsetzt oder aber darin, daß „irgendein Organ aus dem natürlichen und genau abgegrenzten Zyklus der Altersrückbildung heraustritt und isoliert einem prämaturen Rückbildungsprozeß anheimfällt" (zit. nach *Bauer*). Diese letztere als Heterochronie der Organinvolution bezeichnete Erscheinung ist das Gegenstück zu den partiellen Infantilismen und der partiellen Frühreife. All diese Abnormitäten sind für den Konstitutions- und Vererbungsforscher außerordentlich wichtig, wurden aber leider bis heute weit mehr vernachlässigt als die evolutiven Anomalien. Ein bekanntes Beispiel ist das sog. Klimakterium praecox, das bei manchen Individuen oder sogar auch familiär ohne sonstige nachweisbare involutive Veränderungen schon mit 40 Jahren oder gar noch früher einsetzen kann. Diesem abnorm frühzeitigen Ausfall der Keimdrüsenfunktion steht die abnorm spät eintretende klimakterielle Regression gegenüber, die ebenfalls in manchen Familien erblich zu sein scheint. In einem Fall erschöpft sich die Entwicklungsreihe der Sexualdrüsen rasch, im anderen nur langsam. Meistens beobachten wir in der involutiven Lebensperiode eine Änderung des Körperhabitus. Ein gewisser Typus von Menschen wird z. B. mit Einsetzen des Klimakteriums fettleibig, mit häufig charakteristischer Lokalisation des Fettpolsters an den Hüften, am Gesäß, in der Unterbauchgegend und an der Brust. Der andere wird dagegen bei der gleichen Lebensweise dürr und mager, schrumpft mehr und mehr ein und verfällt der eigentlichen senilen Kachexie. Es ist mit Recht hervorgehoben, daß die Fetten ihre sexuellen Rührigkeiten früher verlieren und im allgemeinen früher sterben als die Mageren. *Bauer* nimmt an, „daß beim fetten Typus die Schilddrüse und die Keimdrüsen der senilen Involution in besonderem Maße und heterochron ausgesetzt sind und dadurch dem alternden Organismus das besondere Gepräge verleihen, während der magere Typus mehr den gleichmäßigen universellen Senilismus, vielleicht mit Überwiegen der Involution in den Nebennieren repräsentiert". Das Mißverhältnis in der Geschwindigkeit einzelner Entwicklungsreihen, welches wir bei der Evolution als wichtigen Faktor kennen gelernt haben, läßt uns auch die Heterochronie der Involution durch die Annahme eines mehr oder weniger raschen Verfalls einzelner Organe oder Organsysteme am besten verstehen.

Sehr interessant sind die Beobachtungen über die inneren Beziehungen zwischen bestimmten evolutiven

und involutiven Konstitutionsanomalien. Von
manchen Autoren wird behauptet, daß der Senilismus durch
vorausgegangenen Infantilismus begünstigt wird. Man
nimmt also in diesem Falle an, daß Organe, die den Entwicklungshöhepunkt entweder überhaupt nicht oder erst
verspätet erreichen, rascher der senilen Involution verfallen. Andererseits sind auch Beispiele bekannt, bei denen
einer stürmischen evolutiven Entwicklungsperiode
frühzeitige senile Involution folgt. So soll z. B.
Ludwig II. von Ungarn[1]), der mit 2 Jahren gekrönt wurde,
im 14. Lebensjahr die sexuelle Reife erlangt und einen Bart
bekommen haben; er heiratete mit 15, hatte graues Haar
mit 18 und starb mit 20 Jahren. *Kiernan* erwähnt ferner
einen Knaben, der mit 12 Monaten die äußeren Anzeichen
der Pubertät darbot und mit 5 Jahren als Greis starb, ferner
ein Mädchen, das mit 2 Jahren zu menstruieren begann,
mit 8 Jahren schwanger wurde und mit 25 Jahren eine
senile Großmutter war. *Bauer* führt außerdem noch einen
von *Ranson* beschriebenen Fall von Infantilismus mit nach-
folgendem frühzeitigen Senilismus an. Ein 27 jähriges, nur
130 cm großes Mädchen, das nie menstruiert hatte und in
ihrer ganzen Erscheinung den Eindruck einer 12 jährigen
machte, starb unter den Symptomen eines Diabetes
mellitus in kachektischem Zustand. Die Obduktion ergab senile Veränderungen des Parenchyms und Fibrose
der Organe, vor allem auch der Blutdrüsen mit allgemeiner
Endarteriitis und Artheriosklerose. Bei diesen Beispielen
wissen wir allerdings nicht, ob es sich um konstitutionelle
(erbliche) oder konstellative, d. h. exogene Anomalien ge-
handelt hat.

---

[1]) *Kiernan, J. G.:* Journ. of american med. assoc. 36,
1270. 1901. Zit. n. *Bauer.*

Mir scheinen zwischen den konstitutionellen Anomalien der Evolution und Involution vorwiegend folgende Beziehungen zu bestehen. Organismen, die sich rasch entfalten, pflegen nach kurzer Blütezeit ebenso rasch zu verfallen. Ist eine Tendenz zu gesteigerter Geschwindigkeit, zu schnellem Emporschießen da, so geht diese meistens mit dem Fehlen der Tendenz zur funktionellen Dauerhaftigkeit Hand in Hand. Individuen mit steiler Entwicklungskurve pflegen sehr bald in ihrer vitalen Energie zu erlahmen, während eine langsame Entwicklung meistens einen erheblich längeren Bestand der Vitalität nach sich zieht. Wir können häufig beobachten, daß Menschen, die übermäßig lange den infantilen Charakter bewahren, im späteren Lebensalter eine auffallend zähe Rüstigkeit zeigen. Andererseits sind genügend Beispiele uns dafür geläufig, daß allzu frühe und intensive Reifung frühzeitiges Altern zur Folge haben kann.

Dieser Überblick über die körperliche Entwicklung des Menschen in ihren konstitutionspathologischen Erscheinungen zeigt uns zunächst, daß das Individuum in seiner biologischen Struktur keine konstante Größe ist. Wir haben in jedem Organismus vielmehr ein ständig fließendes biologisches Geschehen vor uns, das in seinem Verlauf vielfachen Wandlungen unterworfen ist, das aber auch bei den einzelnen -Individuen sich außerordentlich mannigfaltig gestalten kann. Könnten wir z. B. heute den Chemismus des endokrinen Systems genau analysieren, so würden wir höchstwahrscheinlich in den einzelnen Lebensphasen eines Organismus recht verschiedene Ergebnisse bekommen. Vielleicht würden wir auch einen häufigen periodischen Wechsel ähnlicher oder gleichartiger Phasen beobachten können. Vor allem aber haben wir erfahren, daß die einzelnen Entwicklungsreihen, die als Elemente und Bausteine am Aufbau des menschlichen Organismus mitwirken, ihre ihnen eigene Funktionskurve mit größerer oder geringerer Geschwindigkeit durchlaufen können. Wir haben Tatsachen kennen gelernt, die darauf schließen lassen, daß Störungen in der Ablaufsgeschwindigkeit mancherlei Entwicklungsanomalien zur Folge haben können.

Versuchen wir an Hand eines Schemas, uns diese Verhältnisse näher klar zu machen. Wir haben uns den Lebensgang eines Organismus in Form einer Kurve vorgestellt, deren aufsteigender Schenkel der Evolution, deren abfallender Schenkel der Involution entspricht. Je steiler die Kurve ansteigt, desto rascher geht die morphologische Entfaltung vor sich, je plötzlicher sie vom Höhepunkt der vollen Funktionstüchtigkeit abstürzt, desto schneller tritt Verfall und Tod ein. Einen der wichtigsten Faktoren des Lebensprozesses sehen wir in dem Zusammenspiel und in der natürlichen Kraft der endokrinen Drüsen, die, einzeln betrachtet, sich in ihrer Entwicklungskurve mit der Gesamtkurve nicht voll und ganz decken. Die eine Entwicklungsreihe setzt vielleicht später ein als eine andere; diese wiederum hat früher ihren Lauf vollendet als eine dritte. Bei den einzelnen Individuen kann ein und dieselbe Entwicklungsreihe in ihrem Ablauf sich sehr verschieden verhalten, wie wir es z. B. bei der Pubertas praecox und der abnorm frühzeitigen sexuellen Involution, sowie bei den ihnen entgegengesetzten Anomalien gesehen haben. In Abb. 2 sind mehrere Kurven der Keimdrüsenfunktion eingezeichnet, die uns diese individuellen Verschiedenheiten hypothetisch veranschaulichen sollen. Die horizontale Ausdehnung zeigt die zeitliche Dauer der Funktion an, während die vertikale die Funktionstüchtigkeit, die Funktionsstärke repräsentiert.

Kurve *a* und *b* steigen allmählich an, dabei erhebt sich *a* zu der doppelten Höhe vom *b*. Nehmen wir an, die Kurve *a* entspräche etwa dem Durchschnitt. Kurve *d* setzt abnorm frühzeitig ein, steigt rapid zu einer ungewöhnlichen Höhe empor, um sehr früh und ebenso plötzlich wieder abzufallen. Kurve *c* dagegen beginnt relativ spät, erreicht erst sehr spät in langsamem Anschwellen den Höhepunkt ihrer Funktionstüchtigkeit, die dann langsam wieder abnimmt und später als die Norm ihr Ende findet. Die Kurven unterscheiden sich voneinander in verschiedenen Punkten.

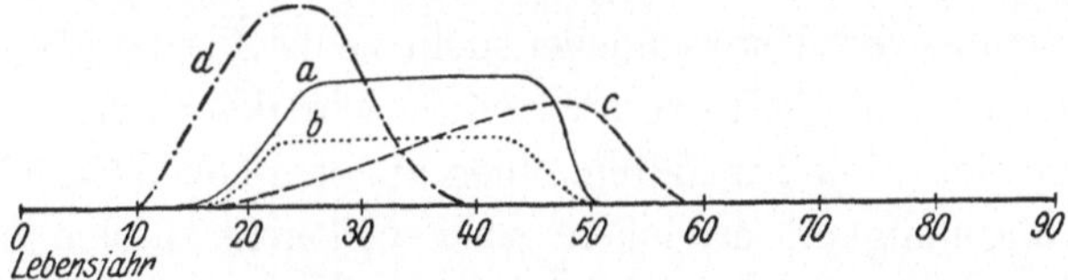

Abb. 2. Verschiedene Kurven der Keimdrüsenfunktion.

Die eine setzt früher, die andere später ein, dementsprechend ist einmal die Funktionstüchtigkeit früher, das andere Mal später erschöpft. Die Geschwindigkeit, in der die größte Funktionstüchtigkeit erreicht wird, ist in einem Falle größer im anderen geringer; das gleiche gilt für das Erlöschen der Funktion, das einmal rascher und das andere Mal langsamer vor sich geht. Endlich ist, wie wir aus der Höhe der Kurven ersehen, die Funktionskraft, die Vitalität in einzelnen Fällen sehr verschieden.

Wir fragen uns nun, wie wir diese Verhältnisse mit der quantitativen Differenz der Erbanlagen in Einklang bringen können. Bei den Infantilismen sprachen wir davon, daß eine konstitutionelle Entwicklungshemmung nur denkbar ist, wenn bestimmte Anlagen in ihrer Entfaltung durch andere, antagonistisch gerichtete Anlagen beeinflußt werden.

Wir haben schon darauf hingewiesen, daß selbständige Entwicklungsreihen, die zueinander in Korrelation stehen, entweder im Sinne der Förderung oder im Sinne der Hemmung aufeinander einwirken können. Das Maß der gegenseitigen Bewirkung wird sich bei der normalen Entwicklung in ganz bestimmten Grenzen halten, d. h. die natürliche Kraft, die Entwicklungsenergie der einzelnen Entwicklungsreihen ist quantitativ in ganz bestimmter Form aufeinander abgestimmt. Je größer das in der Anlage gegebene Energiequantum ist, desto stürmischer drängt die entsprechende Entwicklungsreihe sich im Lebensprozeß des Organismus vor, desto schneller sucht sie ihr Ziel der höchsten Funktionstüchtigkeit zu erreichen. Sie wird demnach früh einsetzen, sich schnell entfalten, einen abnorm hohen Gipfel der Leistungsfähigkeit erreichen, aber vielleicht infolge übermäßigen Energieverbrauchs ebenso rasch erschöpft sein. Wir haben dann etwa einen Verlauf, wie ihn Kurve d veranschaulicht. Man könnte in diesem Falle den Eindruck gewinnen, als ob das Fehlen von gleichwertigen hemmenden Momenten dieser stark potenzierten Entwicklungsreihe den eigentümlichen übereilten Ablauf sind. Sind bei der gleichen Anlagepotenz Gegenanlagen von entsprechender Quantität vorhanden, so haben wir etwa den Kurvenablauf a, der der Norm entsprechen würde. Dasselbe proportionale Kräfteverhältnis zwischen Anlage und Gegenanlage bei absolut geringerer Potenz würde uns die Kurve b zeigen. Dagegen müssen wir annehmen, daß bei der Kurve c stark hemmende Faktoren die Anlage in ihrer Entwicklung zurückdrängen, so daß sie erst nach langer Entwicklungsdauer ihre volle Energie entfalten kann. Sie erschöpft sich infolge der lange verhaltenen Funktionskraft wesentlich später, zeigt infolgedessen einen langgezogenen Verlauf und kommt viel später als bei der Norm zum Abschluß ihrer Wirksamkeit. Haben wir zwei Entwicklungsreihen vor uns, von denen die eine im Sinne des Funktionsanreizes, die andere beeinflußt, so würden wir die umgekehrte Wirkung einer gesteigerten Geschwindigkeit und einer Verstärkung der vitalen Energie zu erwarten haben. So wäre die Geschwindigkeit, die eine Entwicklungsreihe durchläuft, ihr Einsetzen und ihr Verfall sowie die Funktionskraft, die sie entfaltet, abhängig von dem Verhältnis ihrer potentiellen Energie zu der Potenz der mit ihr korrelativ verknüpften Entwicklungsreihen.

Diese hier durchgeführte dynamische Betrachtungsweise läßt uns ohne weiteres die partiellen Entwicklungsanomalien verstehen, soweit sie rein konstitutioneller, d. h. endogener und erblicher Natur sind. Die verschiedene Ablaufsgeschwindigkeit der einzelnen Entwicklungsreihen führt zu Wandlungen ihres Kräftespiels, die die mannigfachsten Erscheinungen im Laufe des Lebens ans Licht bringen mögen.

III. Die psychische Entwicklungskurve.

Betrachten wir nunmehr die psychische Seite der individuellen Entwicklung des Menschen. Diese ist in ihrem konstitutionellen Anteil geführt von dem Gehirn-Drüsenapparat, wie *Kretschmer*[1]) sich ausdrückt. Insbesondere sind die Temperamente, soweit wir heute nach der empirischen Forschung annehmen müssen, zum großen Teil blutchemisch oder humoral bedingt. Ich erinnere hier an die *Steinach*schen Verjüngungsversuche,

---

[1]) *Kretschmer, E.:* Körperbau u. Charakter. Berlin, Julius Springer. 2. Auflage 1922.

bei denen die Transplantation von funktionsfähigen Geschlechtsdrüsen bei alternden Tieren den äußeren Habitus und den seelischen Charakter weitestgehend modifizieren konnte. Wir kennen eine Reihe von seelischen Abnormitäten, die nachgewiesenermaßen auf Erkrankungen der inneren Drüsen beruhen. Auch die rein konstitutionellen Geisteskrankheiten sind sehr wahrscheinlich auf Gleichgewichtsstörungen der inneren Sekretion zurückzuführen; vor allem ist der Entwicklungsgang der Keimdrüsenfunktion für das psychische Geschehen von großer Bedeutung. Der psychische Entwicklungsgang ist eine Seite der Lebensfunktion eines Organismus, deren andere in der körperlichen Entwicklung in Erscheinung tritt. Beide Seiten dieses biologischen Geschehens bilden eine untrennbare Einheit, ohne die ein funktionsfähiger Organismus nicht denkbar wäre. Ebenso wie bei der körperlichen Entwicklung müssen wir auch im Reiche der Psyche zwischen konstitutionellen und konstellativen Faktoren unterscheiden. Wir wollen auch in diesem Abschnitt nur die konstitutionelle Seite des Problems entrollen und die mannigfachen seelischen Wandlungen, für die äußere Erlebnisse verantwortlich zu machen sind, ganz außer acht lassen.

Der wichtigste Markstein in der seelischen Entfaltung eines jeden Menschen ist seine Pubertäts- oder Reifezeit. Sie kann unter Umständen bestimmend sein für das ganze spätere Leben, sie kann aber auch nur eine mehr oder weniger wichtige Übergangsperiode darstellen. *K. Groos*[1]) geht in seiner psychologischen Studie über *Bismarck* auf diese Frage näher ein. „In der Reifezeit

---

[1]) *Groos, Karl:* Bismarck im eigenen Urteil. Cotta, Stuttgart u. Berlin 1920.

ist jeder Jüngling eine problematische Natur." „Scheu und Annäherungsdrang, derbe Kampflust und zärtliches Empfinden, religiöse Inbrunst und schneidende Skepsis streiten um seine Seele." Die meisten Menschen finden sich aus der Unruhe und den Gegensätzen dieses Übergangs bald wieder zu einem gewissen Gleichgewicht zurück. Bei manchen jedoch bleibt die Unausgeglichenheit der Reifezeit — entweder aus inneren Gründen oder vielleicht auch infolge des Einflusses äußerer Umstände — ungeschwächt erhalten; wir beobachten bei ihnen auch noch im erwachsenen Alter die Neigung zu schwärmerischen Freundschaften, zu einsamen Träumereien, zur Begeisterung für weltfremde Ideale oder zur inbrünstigen Hingabe an das Göttliche. Regungen und Strebungen, die bei dem einen nach kurzer Blütezeit in sich zusammenfallen, bilden beim anderen Wesen und Inhalt des endgültigen Charakters. Die beim Jüngling in der Reifezeit durchbrechende normale, natürliche Oppositions- und Kampfeslust war für einen Mann wie *Bismarck* auch im späteren Alter der lebendige Quell, aus dem er die Kraft für sein Wirken und Schaffen schöpfen konnte. Bei den meisten Menschen blassen im Laufe der Jahre die in der Jugend regen geistigen Kampfbedürfnisse ab. Man will seine Ruhe haben, man scheut sich, Konsequenzen zu ziehen, man neigt zur Vermittlung und zu Kompromissen. Ich möchte vermuten, daß alle die für die Reifezeit typischen Eigenschaften, auch wenn sie diese Entwicklungsphase überdauern, aufs engste mit der endokrinen Funktion der Sexualdrüsen verknüpft sind. Den Menschen, bei dem das Einsetzen des sexuellen Trieblebens sich in einer Steigerung der vitalen Energie äußert, mag man wohl als den Gesunden, Normalen bezeichnen. Wir dürfen annehmen, daß hier eine gesunde, unkomplizierte,

endokrine Grundlage vorhanden ist. Anders verhält es sich
zweifellos mit den Menschen, bei denen die seelische Unausgeglichenheit der Reifezeit zu einem Hauptcharak-
teristikum des späteren Lebens sich herausbildet. Wir sind
geneigt, im Gegensatz zum vorigen Fall hier eine mangelnde
Ausreifung bestimmter Elemente des endokrinen Substrates
zugrunde zu legen, die nicht unbedingt eine mangelnde Ge-
schlechtsfunktion zur Folge haben muß.

Das Einsetzen der sexuellen Entwicklungsperiode fällt
für gewöhnlich in die zweite Hälfte des zweiten Lebens-
ahrzehntes. Doch sind auch Fälle einer verspäteten
psychischen Pubertät bekannt. Ein lehrreiches Beispiel
ist *Dostojewski*. Von ihm schreibt seine eigene Tochter[1]),
daß er mit 20 Jahren ein schüchterner Schuljunge gewesen
sei, daß er erst mit 40 Jahren jenen jugendlichen Taumel
durchmachte, den fast alle junge Männer durchleben. Mit
20 Jahren hatte er enthaltsam wie ein Heiliger gelebt, mit
40 Jahren beging er Torheiten in seinem Liebesabenteuer
mit der *Pauline N.*, die andere in diesem Lebensalter längst
überwunden haben. Die Tochter *Dostojewski*s erklärte sich
diese eigentümliche Erscheinung durch eine Anomalie in
der körperlichen Entwicklung ihres Vaters. Sie weist dabei
auf das alte Sprichwort hin: „Wer mit 20 Jahren keine Tor-
heit macht, begeht sie mit 40" und betont, daß diese merk-
würdige Verschiebung der Altersstufen offenbar nicht so
selten sei, wie man für gewöhnlich glaube. Diese verspätete
psychische Geschlechtsreife beruht vermutlich auf stark
hemmenden Momenten, die die vielleicht sehr niederpoten-
zierte endokrine Grundlage der Entwicklungsreihe des
sexuellen Trieblebens abnorm lange in ihrer natürlichen

---

[1]) *Dostojewski:* Geschildert von seiner Tochter A. Dostojewski. E. Reinhardt, München 1920.

Entfaltung unterdrücken und auf diese Weise den normalen zeitlichen Ablauf des biologischen Geschehens stören.

Eine andere Anomalie des sexuellen Trieblebens besteht darin, daß der Sexualtrieb sich auch noch im späteren Alter, in dem beim Normalmenschen die Geschlechtskraft mehr oder weniger zur Ruhe gekommen ist, durch eine sehr starke und unersättliche Vitalität auszeichnet. Im Gegensatz zum vorigen Beispiel dürfen wir in diesem Fall auf eine sehr starke Potenz der zugrunde liegenden Anlage schließen, die beim Fehlen von Hemmungsfaktoren, vielleicht sogar unter der Einwirkung fördernder Anlagen eine abnorm lange Dauer der Funktionstüchtigkeit zur Folge hat.

Außerordentlich wichtig ist für das ganze Problem der psychischen Lebenskurven das Gebiet der schizothymen Konstitution, die *Kretschmer* in seinem Buch „Körperbau und Charakter" herausgearbeitet hat. Den Psychiater interessieren vor allem die abnormen und pathologischen Erscheinungen dieses Konstitutionskreises, die schizoide Persönlichkeit und die Schizophrenie. Das biologische Agens, das diesen Anomalien zugrunde liegt, setzt zu einem bestimmten Zeitpunkt des Lebens ein und wirkt für gewöhnlich weiter, ohne sich zurückzubilden. In der charakterologischen Lebenskurve erkennen wir dann eine ausgesprochene Verschiebung der Persönlichkeit. Eine große Gruppe von begabten, meist zarten, scheuen und nervösen Schizoiden zeichnet sich z. B. dadurch aus, daß sie „in der Frühpubertätszeit ein treibhausartiges kurzes Aufblühen all ihrer Fähigkeiten und Gefühlsmöglichkeiten auf der Grundlage einer enorm gesteigerten Reizsamkeit ihres Temperaments im Sinne elegischer Zärtlichkeit oder eines mehr gereizt-überspannten Pubertätspathos erleben". „Nach wenigen Jahren gehen sie als kaum noch leidliche Durchschnittsbürger allmählich immer matter und kühler, einspännig, schweigsam und trocken hinweg. Die Pubertätswelle hebt sie höher und stürzt sie tiefer als den Normalmenschen" (*Kretschmer*). Dieselbe „psychaesthe-tische" Verschiebung geht in anderen Fällen schleichend in längeren Zeiträumen ohne bestimmte Zeitmarke vor sich.

Vergleichen wir diese Schilderung einer bestimmten schizoiden Persönlichkeitsgruppe mit der Entwicklung mancher Durchschnittsmenschen, so finden wir auch hier häufig eine ganz ähnliche Verschiebung der Psychaesthesie. Die für viele Menschen typische sentimentale Überschwäng-lichkeit und Empfindsamkeit der Pubertätszeit weicht meistens im dritten Lebensjahrzehnt einer mehr ruhigen Solidität der Lebensauffassung und pflegt sich häufig bis zu einer trockenen, philiströsen Schwunglosigkeit abzu-kühlen. Der Unterschied scheint mir darin zu liegen, daß eine qualitativ gleichartige Entwicklungsreihe bei den Schizoiden rascher und explosiver verläuft und sich daher ausgiebiger erschöpft als bei den Durchschnittsmenschen. Es werden gewissermaßen an den zugrunde liegenden endo-krinen Prozeß schon zu Beginn zu hohe Anforderungen ge-stellt, so daß die im Verhältnis zu den übrigen biologischen Funktionen zu schwache Energie dieser Entwicklungsreihe schon bald verpufft ist, und als natürliche Folgeerscheinung ein Mangel an psychischer Vitalität das ganze Leben hin-durch sich bemerkbar macht. Die abnorme Lebenskurve des Schizoiden stellt sich uns in dieser Auffassung als Wir-kung der quantitativ schwächeren Anlage eines bestimmten endokrinen Elementes dar, dessen Potenz zu der Energie der übrigen biologischen Funktionen in quantitativem Miß-verhältnis steht und infolge der großen Spannungsdifferenz sich allzu früh erschöpft.

Diese Art der Betrachtungsweise eröffnet auch in der Psychiatrie eine Reihe neuer Perspektiven. Wir werden auf die psychische Lebenskurve gesunder und kranker Individuen unser besonderes Augenmerk richten müssen. Zunächst wird es unsere Aufgabe sein, die Norm festzulegen, die verschiedensten für den normalen Durchschnittsmenschen typischen Kurven herauszuarbeiten unter besonderer Berücksichtigung der Verschiedenheiten des Geschlechtes. Einer der wichtigsten Faktoren der ganzen Persönlichkeitsentwicklung eines Menschen bleibt die Art seines sexuellen Trieblebens, bei dem die mannigfachsten Variationen möglich sind. Daher haben von jeher die Reifezeit sowohl wie auch die sexuelle Involution das Interesse des Psychiaters in hohem Maße in Anspruch genommen. Sind doch diese beiden Lebensabschnitte oft scharfe Klippen für den Bestand psychischer Gesundheit. Eine dritte wichtige Lebensperiode ist der absteigende Teil der biologischen Lebenskurve, das Senium oder auch die senile Involution genannt. Auch in dieser Zeit pflegen sich häufig Wandlungen der Persöhnlichkeitsstruktur bzw. Störungen der geistigen Gesundheit bemerkbar zu machen.

Beim normalen Durchschnittsmenschen sind wir wohl heute am besten über die Pubertätszeit orientiert. Die vielfachen Wandlungen psychischer Eigenart in dieser Entwicklungsphase sind allgemein bekannt. Viel weniger Interesse haben bisher im allgemeinen die normalen Veränderungen der Persönlichkeitsstruktur gefunden, die Involution und Senium mit sich bringen. Man erlebt hier und da, daß gewisse Charaktereigentümlichkeiten im Alter sich schärfer ausprägen, schroffer hervortreten. Eine häufige Erscheinung ist es z. B., daß Menschen, die auf der Höhe ihrer Kraft schon zu moroser Trübsinnigkeit und gereizter

Mißstimmung neigen, sich im Alter zu oft widerwärtigen, unzugänglichen und bösartigen Käuzen entwickeln. Vor allem pflegen auch manche Frauen ihren Charakter in eigentümlicher Weise zu verändern, nachdem ihre Genitalfunktion erloschen ist. Sie werden zänkisch, rechthaberisch, kleinlich und geizig, zeigen also Züge, die ihnen vorher in der Epoche der funktionssicheren Weiblichkeit nicht eigen waren. Aus dem holden Mädchen, der liebenden Frau und zärtlichen Mutter ist ein „alter Drache" geworden. Vielfach kann man jedoch das gerade Gegenteil beobachten. Man pflegt dann von manchen griesgrämigen, dyscholischen Menschen zu sagen, daß sie im Alter milder, harmonischer und auch wohl fröhlicher geworden sind. Ein klassisches Beispiel für diesen letzten Typus ist der Philosoph *Schopenhauer*, der, wie *Moebius* schreibt, im Gegensatz zu früheren Zeiten im Alter heiter und frisch wurde und gelegentlich einen vergnüglichen Humor zeigte. Trübsinn, Angst und die hypochondrischen Neigungen waren geschwunden. „Und wie die pessimistische Auffassung seinem Gefühle allmählich fremd wurde, so wurde es auch die idealistische. Je älter er wurde, um so realistischer dachte er."

Eine Erklärung für diese Persönlichkeitsveränderung in späteren Lebensabschnitten sucht der Laie stets gern in den äußeren Verhältnissen. Man hört wohl sagen, er hat sich schwer plagen, hart arbeiten müssen, so kann er sich ein bißchen Ruhe und Fröhlichkeit im Alter wohl gönnen. Oder er hat viel Kummer und Sorge gehabt und ist dadurch im Alter mehr und mehr verbittert. Sicherlich sind manchmal die äußeren Lebensbedingungen von ausschlaggebender Bedeutung. Doch findet man in vielen Fällen keine ausreichende psychologische Begründung. Und ich glaube, daß eine große Anzahl von Wandlungen der Persönlichkeits-

struktur in späteren Jahren mit endogenen Momenten zusammenhängen. Und nicht zuletzt werden hier die sexuelle
Involution oder sonstige endokrine Vorgänge eine Rolle
spielen. Daß außerdem noch andere Ursachen, z. B. orga-
nische Gehirnveränderungen infolge von Arteriosklerose
ins Gewicht fallen, brauche ich nicht ausdrücklich zu er-
wähnen.

Auf dem Gebiete des pathologischen Seelenlebens
haben wir schon die psychaesthetische Verschiebung
bei einer bestimmten Gruppe abnormer schizoider Persönlichkeiten kennen gelernt, die nach einer Phase über-
spannter Sentimentalität in das ruhige Fahrwasser phi-
liströser, nüchterner Trockenheit einlaufen. Ein anderer
Typus ist dadurch charakterisiert, daß er in der Pubertätszeit eine starke Neigung zur Wursthaftigkeit, zur Verwahrlosung, zum Vagantentum zeigt, die ihn meistens im Leben
elend Schiffbruch erleiden läßt. *Kretschmer* schildert
(„Körperbau und Charakter") einen solchen, ursprünglich
begabten, aber in der Pubertätszeit verbummelten Schizoiden, der als Auswanderer nach Amerika ging. Seine
Eigenart wird als stoisch bedürfnislos, zynisch, bissig,
sarkastisch, rücksichtslos, unabhängig, steif und ungelenk
geschildert. Er wurde im Alter immer sonderbarer und ver-
wahrloster und starb in seniler Demenz. Eine derartige
Charakterentwicklung bildet sich häufig zum Wesenskern
der Dauerpersönlichkeit aus, sie kann aber auch nur
als kurze Übergangsphase zur Geltung kommen und
früher oder später durch ruhige, sozial-bürgerliche Ten-
denzen überwunden werden. Wiederum sehen wir ein und
denselben psychischen Erscheinungskomplex in ganz verschiedener Bedeutung für die endgültige Persönlichkeitsstruktur. Es liegt auf der Hand, anzunehmen, daß im

letzteren Falle starke Gegentendenzen vorhanden sind, die die schizoide Neigung zur Verwahrlosung zu unterdrücken vermögen, während im ersten Beispiel diese Gegentendenzen zu schwach potenziert sind, um zu einer ausschlaggebenden Wirkung zu gelangen. Diese beiden Entwicklungstendenzen können in ganz verschiedenem quantitativen Verhältnis zueinander stehen. Die stärkste Tendenz wird bestimmend für die endgültige Persönlichkeit.

Der schizoide Bummler steht nach unseren erbbiologischen Erfahrungen der Dementia praecox außerordentlich nahe. Auch bei den schizophrenen Erkrankungen können wir ganz ähnliche Verhältnisse beobachten. Einmal sehen wir in der Pubertätszeit einen leichteren schizophrenen Schub auftreten, der eine ausgesprochen abnorme schizoide Persönlichkeit hinterläßt, ohne daß jedoch gröbere psychotische Störungen sich im Laufe des Lebens je wieder bemerkbar machen. Ein andermal setzt zu etwa dem gleichen Zeitpunkt der Lebensentwicklung eine schwere schizophrene Psychose ein, die in stetem Fortschreiten zu dem charakteristischen Endzustand mit schweren Veränderungen der Persönlichkeit führt. Die Verlaufsformen schizophrener Psychosen können ja ihrer Intensität nach außerordentlich verschieden sein.

Ein anderes Gegensatzpaar aus dem schizophrenen Formkreis. Nicht alle schizophrenen Psychosen manifestieren sich in der sexuellen Reifezeit, obwohl diese Periode gerade für diese Art der Erkrankung besonders gefährlich zu sein scheint. Nicht so sehr selten sehen wir auch Schizophrenien im dritten, vierten oder gar im fünften Lebensjahrzehnt ausbrechen. Unwillkürlich erinnern wir uns an *Dostojewski*, den wir als Beispiel für die verspätete psychische Pubertät angeführt haben.

Übertragen wir unsere Erklärung der verspäteten normalen Entwicklung auf den pathologischen schizophrenen Prozeß, so müssen wir auch hier annehmen, daß es neben der Anlage zur schizophrenen Psychose andere Anlagen geben muß, die die schizophrene Entwicklung lange Zeit zu unterdrücken oder in ihrem Verlauf zu hemmen oder aufzuhalten vermögen. Es kommt dann auf die Potenz dieser beiden gegensätzlichen Entwicklungsreihen an, welche Erscheinungsform uns entgegentritt. Das gilt gleichermaßen für den Zeitpunkt des Beginns der Erkrankung wie für die in der Intensität sehr variablen Verlaufsformen.

Vielleicht können wir mit dieser Annahme der quantitativen Differenzen von Anlage und Gegenanlage auch die zweifellos bestehende enge erbbiologische Verwandtschaft von Dementia praecox, Paraphrenie und Paranoia uns verständlich machen. Es gibt Kranke, die in den ersten Jahren ihrer Störung ein ausgesprochen paraphrenes Bild bieten und sich allmählich doch im Sinne der typischen Dementia praecox weiterentwickeln, so daß sie in ihrem Endzustand von dieser nicht zu unterscheiden sind. Andererseits kennen wir Fälle, bei denen die Erkrankung in den ersten Jahren ein ganz gleiches Bild bietet, die aber auch später auf dieser paraphrenen Entwicklungsstufe stehen bleiben, ohne den typischen schizophrenen Verlauf zu zeigen. Die heutige psychiatrische Systematik trennt diese beiden Psychosen nach ihrem endgültigen Ausgang. Bei unserer Betrachtungsweise kehren wir den Stiel um. Wir legen besonderes Gewicht auf das gleichartige Anfangsstadium, das sicherlich auch seine biologischen Gründe hat. Mit großer Wahrscheinlichkeit dürfen wir annehmen, daß in beiden Fällen der ursächliche endokrine Prozeß anfänglich ein gleichartiger ist. In einem Fall bleibt die Entwicklung auf einer bestimmten Stufe stehen, da hemmende Momente ein weiteres Fortschreiten verhindern. Wir haben dann die typische Paraphrenie. Im anderen Fall geht die prozessive Entwicklung den ihr natürlichen Gang im Sinne der Progredienz der Psychose weiter, da die Gegenanlage zu schwach ist und sich infolgedessen bald erschöpft hat. Es entsteht aus dem paraphrenen Anfangsstadium der schizophrene Endzustand. Es liegt mir durchaus fern, unsere heutige Systematik vollständig umzustoßen. Nur scheint es mir nicht naturwissenschaftlich gedacht, wenn man das Anfangsstadium der Psychosen bei ihrer Klassifikation gar nicht berücksichtigt. Es ist nach dieser Art der Betrachtung durchaus wahrscheinlich, daß die verschiedene Potenz gleichartiger Anlagen recht verschiedenartige äußere Erscheinungsformen entstehen läßt, die trotzdem biologisch einen einheitlichen Komplex darstellen.

Das Verhältnis der Schizophrenien zur paranoischen Persönlichkeitsentwicklung ist weit schwieriger zu deuten. Auch die Paranoia steht in engen erbbiologischen Beziehungen zur Dementia praecox. Dieser Psychose liegt zweifellos ein organischer Entwicklungsprozeß zugrunde, ohne den sie nicht entstehen kann. Andererseits wissen wir, daß sich die Paranoia klinisch von den gewöhnlichen schizophrenen Psychosen dadurch unterscheidet, daß wir bei ihr eine kontinuierlich psychologische Entwicklung verfolgen können, die einfühlbar bleibt und an keiner Stelle völlig abreißt. Wir kennen andererseits schizophrene Psychosen mit paranoidem Anfangsstadium, die sich im Beginn ebenfalls durch die Einfühlbarkeit der psychologischen Zusammenhänge vor vielen anderen auszeichnen. Ich er-

innere an die Form schizophrener Erkrankungen, die anfänglich unter dem Bild des sensitiven Beziehungswahns
verlaufen. Sollte es nicht auch hier möglich sein, daß gewisse paranoische Erkrankungen, biologisch ge-
sprochen, nichts anderes sind als der Ausdruck eines in den
Anfängen erstickten schizophrenen Prozesses?

Die hier skizzierte Auffassung würde das einigende Band
eines gleichartigen schizophrenen Prozesses um die
genannten drei Psychosen schlingen. Wenn wir nun auch
in vielen Fällen diese Erklärung gelten lassen können, so
werden wir infolge der Mannigfaltigkeit der Erscheinungen
im schizophrenen Formkreis immer wieder unsicher werden.
Wir fragen uns, warum einmal der schizophrene Prozeß
ein paraphrenes Bild bietet, warum er das andere Mal
im Zeichen eines sensitiven Beziehungswahns steht,
warum er in einem dritten Fall sich als rapid verlaufende
affektive Verblödung manifestiert usf. Das kann einmal damit zusammenhängen, daß wir es mit verschieden-
artigen schizophrenen Prozessen zu tun haben, die wir
bis heute klinisch noch nicht voneinander zu scheiden vermögen, wie es *Bleuler* immer vertreten hat. Die andere
Möglichkeit hat mir jedoch immer mehr eingeleuchtet, daß
nämlich der eigentliche schizophrene Prozeß, die Erb-
schizose, in der überwiegenden Mehrzahl der Fälle der
gleiche ist, daß aber die Verschiedenheit der äußeren Erscheinungsform (der Sichtschizose) durch die Gesamtheit
der übrigen Anlagen bedingt ist, die zum schizophrenen
Prozeß in bestimmter Korrelation stehen. Die quantitativen Beziehungen zwischen der schizophrenen Anlage
und den Gegenanlagen haben wir schon mehrfach be-
rührt. Es kann natürlich auch die Qualität dieser Gegenanlagen weitgehende Modifikation des Phänotypus mit sich

bringen. Die logische Schlußfolgerung aus dieser Annahme führt zu folgender Unterscheidung:

Betrachten wir die biologische Gesamtpersönlichkeit der Schizophrenen, so ist keine Schizophrenie der andern gleich, da niemals die Gesamtheit der Anlagen bei zwei Menschen ganz gleich sein kann; es lassen sich aber nach bestimmten Ähnlichkeiten Gruppen bilden. Die Verschiedenheiten dieser Gruppen beruhen nicht auf der Verschiedenheit des schizophrenen Prozesses, sondern auf der Verschiedenheit der außerdem noch vorhandenen Anlagen der Persönlichkeit. Diese beeinflussen sowohl durch ihre Qualität wie auch durch ihre quantitative Potenz die schizophrene Erscheinungsform. Einzelne Stämme und Familien mögen sich wieder durch die quantitative Energie des schizophrenen Prozesses selbst unterscheiden, obwohl wir dies heute noch nicht sicher nachweisen können.

Diese Unterscheidung mag für den Kliniker mehr oder weniger gleichgültig sein, für den Erbbiologen ist sie es nicht. Er findet bei seinen Hereditätsuntersuchungen, daß sich die einzelnen Erscheinungen des schizophrenen Formkreises und auch die biologisch offenbar verwandten Psychosen (Paraphrenie, Paranoia, Querulantenwahn) im Erbgang als Äquivalente austauschen können. Wenn er nicht ganz den sicheren Boden unter den Füßen verlieren, muß er zu dieser Hilfshypothese greifen und nach einem verbindenden Glied in diesem variablen Erscheinungskomplex suchen. Denn, wenn alle die verschiedenen Psychoseerscheinungen des schizothymen Konstitutionskreises zusammengehören, so muß es einen Faktor oder einen Faktorenkomplex geben, der allen gemeinsam ist.

In diesem Zusammenhang wollen wir auch noch folgende Möglichkeit ins Auge fassen. Wenn wir uns den Lebensgang mancher Schizophrener anschauen, so beobachten wir häufig eine staffelförmige Entwicklung. In der Jugend sind sie frei von ausgeprägten schizoiden Zügen, sie sind durchaus normale, frische und fröhliche Kinder. In der Pubertätszeit vollzieht sich eine schleichende Umwandlung im Sinne des schizoiden Temperamentes; sie werden einsilbig und verschlossen, zeigen mancherlei geschraubte Absonderlichkeiten und verlieren die frühere natürliche Frische der ersten Kindheit voll und ganz. Der schizoiden Phase kann dann nach kürzerer oder längerer Zeit die eigentliche schizophrene Psychose folgen, die allmählich zur völligen Destruktion der Persönlichkeit führt. Dieser charakteristische psychische Entwicklungsgang vieler Schizophrener läßt eine Reihe von qualitativ verschiedenen Bildern in zeitlicher Aufeinanderfolge an unseren Augen vorüberziehen. Der nicht-schizoiden frühen Kindheit folgt ein durch die Pubertät eingeleitetes schizoides Stadium, das schließlich durch die schizophrene Psychose abgelöst wird.

Wir denken uns nunmehr zwei verschiedene Individuen, die beide die gleiche Anlage zu dieser schizophrenen Entwicklungsreihe in sich tragen. In einem Falle mag sie sich bis zur schizophrenen Psychose voll entfalten, wie wir es soeben beschrieben haben. Im anderen Falle bleibt sie, vielleicht infolge starker Gegentendenzen, in dem schizoiden Stadium stecken. Es kommt infolgedessen nicht zur schizophrenen Psychose; vielleicht tritt im Senium noch ein leichter paranoider Altersblödsinn auf, wie wir ihn gelegentlich in schizophrenen Familien beobachten.

Wenn diese Annahme richtig ist, so müssen wir damit rechnen — die Vererbungsuntersuchungen haben diese Vermutung sehr nahe gelegt — daß bei vielen Individuen, die die Anlage zum schizophrenen Prozeß in sich tragen, niemals im Leben eine schizophrene Psychose erscheint. Ferner müssen wir darauf bedacht sein, daß Menschen, die hinsichtlich einer bestimmten Anlage genotypisch gleich struktuiert sind, doch in ihrer Entwicklung sich sehr voneinander unterscheiden können; nämlich dann, wenn andere Anlagen modifizierend, z. B. epistatisch eingreifen. Wenn wir uns diese Möglichkeit bei der Forschung vor Augen halten, werden wir bald erkennen, welche verschiedene phänotypischen Erscheinungen als Phasen ein und derselben Entwicklungsreihe zusammengehören, und damit werden wir für die Auswertung familiengeschichtlichen Materials wiederum neue Gesichtspunkte gefunden haben.

Eine sehr wichtige Erscheinung des biologischen Geschehens haben wir bisher geflissentlich vernachlässigt; das ist der periodische Rhythmus im Verlauf des organischen Lebens. Betrachten wir die aufeinander folgenden Generationen einer Art oder einer Familie vom Standpunkt der Kontinuität des Keimplasmas, so erscheinen uns die einzelnen Individuen als periodisch wiederkehrende Blüten am Stamme der Keimbahn. Doch auch im individuellen Leben selbst tritt uns die Periodizität in mannigfacher Form entgegen und besonders dem Psychiater ist sie vom zirkulären Irresein her hinreichend bekannt. Die Epilepsie pflegt ebenfalls in ihren anfallsartigen Erscheinungen einen manchmal regelmäßigen, konstanten periodischen Rhythmus zu zeigen. Erklären können wir uns diese Periodizität zunächst nicht. Ich möchte in diesem Zusammenhang nur kurz auf eine Untersuchung von *Steinach* über die Umstimmung des Geschlechtscharakters bei Tieren hinweisen. Um den Grad des Antagonismus der spezifischen Sexualhormone festzustellen, implantierte *Steinach* einigen durch Kastration neutralisierten männlichen Fröschen gleichzeitig einen Eierstock und einen Hoden. Beide heilten ein und entwickelten nach beiden Geschlechtsrichtungen hin ihren Einfluß. Es entstand eine echte Zwitterbildung mit den entsprechenden männlichen und weiblichen Sexualzeichen. Auch in psychischer Hinsicht traten je nach der stärkeren, mikroskopisch nachweisbaren Wucherung der einen oder anderen Geschlechtsdrüse nacheinander Perioden von ausgeprägt männlichem oder ausgeprägt weiblichem Sexualtrieb auf. Aus diesem Versuch können wir zunächst einmal entnehmen, daß das periodische Geschehen häufig auf zwei antagonistisch wirkenden Kräften beruht, die sich wie Pol und Gegenpol zueinander verhalten. Die Beziehungen zwischen diesen beiden Kräften mögen darin bestehen, daß jede von ihnen die andere zu überwuchern geneigt ist. Macht sich nun auf einer Seite eine solche Tendenz bemerkbar, so entwickelt sich früher oder später die Gegentendenz, um jene in die früheren Schranken zurückzuweisen. Auf diese Weise könnte ein periodisches Kräftespiel zustande kommen, das sich jedoch stets bemüht, die mittlere Gleichgewichtslinie wieder zu erreichen.

Die Periodizität ist der eigentlichen Entwicklungskurve gewissermaßen aufgepfropft. Sie erzeugt nur rhythmische Schwankungen des biologischen Geschehens, ohne den Entwicklungsgang in seinen Richtungstendenzen entscheidend zu beeinflussen. Daher zeichnen sich bei jedem manisch - depressiven Irresein die Anlagen der Gesamtpersönlichkeit durch, die in ihrer Entwicklung durch den periodischen Wechsel nicht gestört werden. Diese Tatsachen erkennen wir vor allem aus der Untersuchung von *Reiß*[1]) über das manisch-depressive Irresein. Die ererbte charakterologische Eigenart sowohl wie auch die Verschiedenheit der Persönlichkeitsstruktur auf den einzelnen Altersstufen formen und bilden die zirkuläre Psychose. Die uns fremdartig anmutenden Einschläge im manisch-depressiven Irresein haben ihren Grund in der Persönlichkeitsanlage, an der die psychotische Periodizitätswelle ansetzt. Besteht nun in dieser Anlage die Tendenz zu einer Entwicklung im Sinne der Schizophrenie, so geht diese selbständig ihren Weg; nur wird diese Entwicklungsreihe, wenn gleichzeitig eine manisch-depressive Anlage vorhanden ist, in periodischen Schwankungen verlaufen, die je mehr sich die Schizophrenie ihrem Endziel nähert, desto weniger den typisch manisch-depressiven Charakter erkennen lassen, bis sie bei völliger Destruktion der Grundpersönlichkeit phänotypisch mehr oder weniger ausgespielt haben werden. Die schizophrene Psychose hat allmählich den zirkulären Rhythmus, der lange Zeit die Persönlichkeit beherrschte, unterwühlt. Diesen Gang der psychischen Entwicklung haben wir für den Fall, daß eine entsprechende doppelseitige elterliche Belastung vorliegt, als „Dominanzwechsel" bezeichnet. Dieser in der Biologie übliche Begriff besagt, daß eine bestimmte elterliche Eigenschaft — in unserem Beispiel die zirkuläre Psychose — mit vorrückendem Alter von einer Eigenschaft des anderen Elters — in unserem Beispiel die Schizophrenie — abgelöst wird. Einen derartigen Dominanzwechsel können wir nicht nur

---

[1]) *Reiß, E.:* Konstitutionelle Verstimmung u. man.-depr. Irresein. Berlin, Julius Springer 1910.

im psychotischen Seelenleben, sondern auch in der charakterologischen Entwicklung beim Menschen häufig beobachten. Hierfür erwähnt z. B. *Kretschmer* ein typisches Beispiel. Ein bis etwa zum 30. Lebensjahr im ganzen heiterer und geselliger Mann, Sohn eines schizothymen Vaters und einer zyklothymen Mutter, entwickelte sich zu einem eigenen, abgeschlossenen Sonderling mit ausgesprochen ernster Gemütsrichtung. Seine Schwester, ebenfalls mehr heiterer und geselliger Gemütsart, wurde um die Zeit des Klimakteriums zunehmend kränklich, ernsthaft, verschlossen und hypochrondrisch, bis allmählich eine deutliche schizophrene Psychose zum Vorschein kam. Auch in ihrem Körperbau trat um diese Zeit eine deutliche Wandlung ein. Während ursprünglich ein mittlerer Ernährungszustand bei ihr vorhanden war, magerte sie vor Ausbruch der Psychose ohne ersichtlichen Grund mehr und mehr ab, so daß schließlich bei ihr ein deutlich asthenischer Habitus sich herausgebildet hatte. Auch ich habe bei meinen Erblichkeitsuntersuchungen ähnliche Beobachtungen machen können.

Wir haben uns die Erscheinung des Dominanzwechsels in vielen Fällen vielleicht so zu erklären, daß eine bestimmte Entwicklungsreihe (*A*), die zunächst eine andere (*B*) zudecken kann oder diese in ihrer Entwicklung zu hemmen imstande ist, bei allzu früher Erschöpfung der ihr innewohnenden Energiepotenz in ihrer hemmenden Wirkung nachläßt und so die Bedingung für die Entfaltung der Entwicklungsreihe *B* schafft. Oder negativ ausgedrückt: Die Anlage zur Entwicklungsreihe *B* ist so schwach potenziert, daß sie erst dann zur Geltung kommen kann, wenn die Entwicklungsreihe *A*, vielleicht unter dem ständigen Druck der latenten Anlage *B*, sich zu früh verausgabt hat.

Diese Theorie der quantitativen Beziehung zwischen einzelnen Anlagen und ihren entsprechenden Entwicklungsreihen gibt uns für viele bisher rätselhafte Erscheinungen des organischen Geschehens eine recht einleuchtende Erklärung.

Fassen wir noch einmal kurz zusammen:

1. Die biologische Lebenskurve des Menschen läßt sich theoretisch in eine Anzahl von qualitativ verschiedenen Entwicklungsreihen auflösen, die beim normalen Individuum in ganz bestimmter Form quantitativ aufeinander abgestimmt sein müssen. Abweichungen in diesem bestimmten quantitativen Verhältnis führen zu Störungen der individuellen Entwicklung; sie stören den normalen Rhythmus der einzelnen Entwicklungstendenzen in ihrem zeitlichen Aufeinanderfolgen und in der normalen Korrelation des gegenseitigen Aufeinanderwirkens.

2. Maßgebend für den Verlauf einer jeden Entwicklungsreihe ist die quantitative Potenz, die Energie der Anlage, aus der sie entspringt, und die Potenz der Anlagen, die zu ihr in Beziehung stehen, sie in hemmendem oder förderndem Sinne beeinflussen können.

3. Bei niederer Potenz einer bestimmten Anlage können hemmende Anlagen das Einsetzen ihrer Entwicklungsreihe lange Zeit hintanhalten. Fördernde Anlagen können sie frühzeitig zu einer explosiven Entfaltung anreizen, so daß sie bald ihre Kraft erschöpft hat. Ohne spezifische hemmende oder fördernde Einflüsse zeigt sie einen gleichmäßigen Gang der Entwicklungskurve, die sich in mäßiger Höhe hält und früher als bei der Norm wieder absinkt.

4. Bei hoher Potenz der Anlage setzt die Entwicklungsreihe frühzeitig ein und zeichnet sich durch große Stärke

und lange Dauer ihrer Wirksamkeit aus. Hemmende Einflüsse können hier nur dann ihre antagonistische Tendenz ausleben, wenn sie in ihrer Potenz wesentlich überlegen sind. Überhaupt wird der Verlauf jeder einzelnen Entwicklungsreihe durch das quantitative Verhältnis ihrer Anlage zu den ihr entsprechenden Gegenanlagen bestimmt.

Dies ist ein wesentlich neuer Gedanke, den wir aus den *Goldschmidt*schen Untersuchungen entnehmen können, den wir als Forschungsprinzip bei allen Konstitutionsuntersuchungen in Zukunft berücksichtigen sollten.

IV. Die Relativität von Dominanz und Rezessivität.

Die quantitativen Differenzen antagonistischer Anlagen werfen ein besonderes Licht auf das Verhältnis von Dominanz und Rezessivität.

Vor kurzem hat *Lenz*[1]) darauf hingewiesen, daß die unvollständige Dominanz und die unvollständige Rezessivität nicht von dem intermediären *Mendel*schen Vererbungstypus zu unterscheiden seien. Erinnern wir uns an das einfachste Mendelbeispiel, so wissen wir, daß bei manchen Kreuzungen reiner Linien der Bastard den Charakter des einen elterlichen Ausgangstypus trägt, der daher als dominant bezeichnet wird. In anderen Fällen ist jedoch der Bastard intermediär, d. h. er nimmt hinsichtlich einer bestimmten Eigenschaft eine Mittelstellung zwischen den beiden elterlichen Ausgangstypen ein; und zwar kann diese Mittelstellung einmal mehr dem einen, das andere

---

[1]) *Lenz, F.:* Entstehen die Schizophrenien durch Auswirkung rezessiver Erbanlagen. Münch. med. Wochenschrift, 1921, S. 1325.

Mal mehr dem anderen Elterntypus angenähert sein oder auch genau in der Mitte zwischen beiden stehen. Sehr häufig sind also die heterozygoten (DR) Individuen (Bastarde) von den homozygoten Ausgangstypen mit dominanter Eigenschaft (DD-Individuen) in der äußeren Erscheinungsform verschieden. Sie sind bald mehr, bald weniger unvollständig dominant oder unvollständig rezessiv, und es fragt sich, welche Eigenschaft man unter diesen Umständen überhaupt als dominant oder rezessiv bezeichnen soll.

Betrachten wir diese ganze Frage an Hand einiger schematischer Darstellungen, wie sie *Morgan*[1]) uns gegeben hat; sie beziehen sich auf die F_2-Generation zweier homozygoter Elternindividuen.

Homozygote Eltern: $DD \times RR$

Gameten: $D\ u.\ R$

F_1 Herterozygoter Bastard: DR

(unter sich gekreuzt) $\times DR$

F_2: $DD + DR + DR + RR$

Wir nehmen an, daß die Bastardtypen (DR) auf irgendeiner intermediären Zwischenstufe stehen. Es ergeben sich nun folgende verschiedene Möglichkeiten. Einmal können die Bastardtypen sich in ihrer Erscheinungsform von den beiden homozygoten Typen streng unterscheiden, wie es z. B. bei der Kreuzung von s c h w a r z e n und g e s p r e n k e l t - w e i ß e n Hühnern der Fall ist, die den M i s c h t y p u s der b l a u e n[2]) A n d a l u s i e r entstehen läßt. Die verschiedenen

---

[1]) *Morgan, Th. H.:* Die stoffliche Grundlage der Vererbung. Deutsche Ausgabe von *H. Nachtsheim.* Berlin, Gebr. Borntraeger 1921.

[2]) Die blaue Farbe ist die Folge von einer ganz feinen schwarz-weißen Sprenkelung.

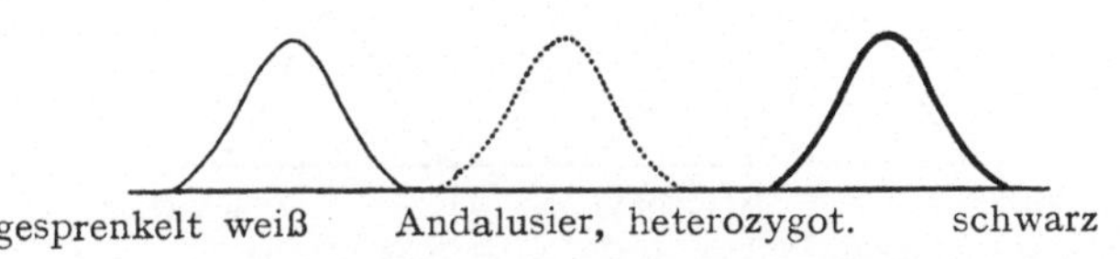

Abb. 3. Klassenverhältnis in F_2 bei den Andalusierhühnern.

Klassen der F_2-Generation sehen wir in ihrer Variationsbreite auf Abb. 3 kurvenmäßig dargestellt.

In einem anderen Beispiel, bei der Kreuzung von normaläugigen Obstfliegen (Drosophila) mit solchen, die eine abgeänderte Augenform (bandäugig) haben, zeigt die Kurve der einzelnen Klassen in F_2 folgendes Bild (s. Abb. 4):

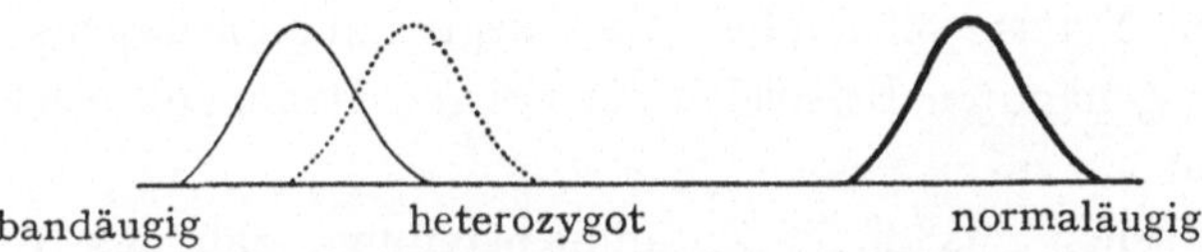

Abb. 4. Klassenverhältnis in F_2 bei der Kreuzung bandäugiger × normaläugiger Drosophila.

Der intermediäre Bastardtypus greift in diesem Fall teilweise auf den Bandaugentypus über, so daß diese beiden Typen in F_2 eine nahezu einheitliche Klasse ergeben. Der normal-rundäugige Typus am anderen Ende der F_2-Reihe läßt sich ohne Schwierigkeit von den beiden ersten Klassen unterscheiden. Dies wäre ein typisches Beispiel für unvollständige Dominanz. Im Bastardtypus überwiegt die daher als dominant bezeichnete Bandäugigkeit, doch ist es kein vollständiges Dominanzverhältnis, sonst müßten sich die beiden Kurven der Heterozygoten und der Bandäugigen vollständig decken.

Ein dritter Fall, die Kreuzung von schwarzen und wilden Drosophila ist in Abb. 5 dargestellt.

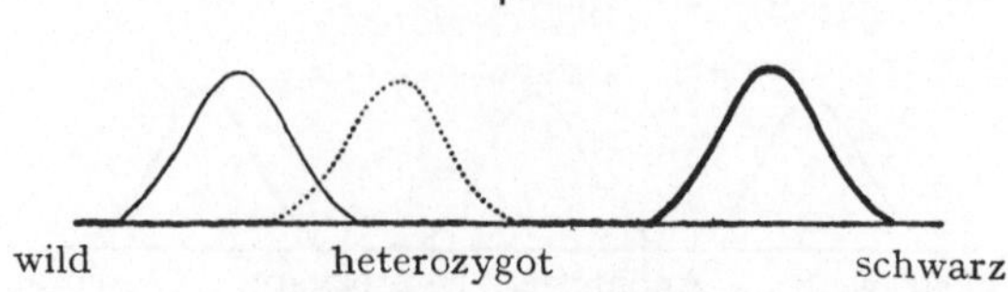

Abb. 5. Klassenverhältnis in F_2 bei der Kreuzung
schwarzer × wilder Drosophila.

Die Variationskurve der Heterozygoten fällt fast mit der
des wilden Typus zusammen. Eine Trennung nach der
äußeren Erscheinungsform ist praktisch unmöglich, während
wiederum die Heterozygoten sich von dem schwarzen
Typus sehr gut unterscheiden lassen.

Bei manchen anderen Kreuzungen decken sich die beiden
Variationskurven des heterozygoten und des einen homozygoten Typus vollständig. Hier liegt dann im Gegensatz
zu den genannten Beispielen ein reines Dominanzverhältnis vor.

Wir sehen aus dieser Zusammenstellung, daß das Verhältnis zweier antagonistischer Anlagen im Kreuzungs-
resultat ein durchaus relatives sein kann. Und die verschiedenen Gradabstufungen des intermediären Charakters,
in dem bald mehr der eine, bald mehr der andere Ausgangstypus überwiegt, lassen sich am leichtesten durch die
Annahme verschiedener quantitativer Kräftebeziehungen
zwischen den beiden Anlagen verstehen, wie wir es bei den
intersexuellen Typen der Schmetterlinge kennen gelernt
haben. Die Potenz der beiden antagonistischen Anlagen
der Ausgangstypen entscheidet über den Charakter des
intermediären Bastards. Wir bezeichnen den Typus als
dominant, der infolge seiner stärkeren Potenz im intermediären Bastard zahlenmäßig überwiegt; da aber, wie der
Ausdruck intermediär andeutet, keine reine Dominanz
besteht, sprechen wir von unvollständiger Dominenz,

die im Grunde genommen nur ein Extrem des reinen intermediären Bastards darstellt. Wenn aber die Gruppe der Heterozygoten sich in F_2 mit einem Ausgangstypus voll und ganz deckt, d. h. wenn die Potenz der einen Anlage so stark ist, daß sie die andere restlos zudeckt, so haben wir reine Dominanz vor uns.

In den 3 geschilderten Beispielen sind die heterozygoten Bastardtypen für eine bestimmte Kreuzung stets konstant, da immer wieder Ausgangstypen mit derselben genotypischen Struktur, also auch mit derselben Quantität der Anlagen verwendet wurden. Nach den *Goldschmidt*schen Untersuchungen muß man jedoch annehmen, daß qualitativ gleichartige Anlagen in einzelnen Rassen ihrer Quantität nach sehr verschieden sein können. Und bei der bunten Rassenmischung des europäischen Festlandes werden wir diese Möglichkeit auch für die einzelnen Stämme und Familien der heutigen Bevölkerung zugeben müssen. Es wird sich demnach in einer Familie die Potenz einer bestimmten Anlage konstant erhalten, jedoch werden häufig in verschiedenen Familien bestimmte gleichartige Anlagen in ihrer Quantität voneinander abweichen.

So wird es z. B. Familien geben mit einer schizophrenen Anlage von hoher Potenz und solche, die dieselbe pathologische Anlage in niederer Potenz besitzen. Das gleiche gilt für die betreffenden Gegenanlagen. Diese Tatsache wird auch im Erbgang dieser Anlage und ihrer äußeren Erscheinungsform zur Geltung kommen, wie wir es uns am besten an Hand von schematischen Familientafeln klar machen können.

Ich möchte voraus bemerken, daß man in letzter Zeit häufig bei derselben Anomalie, bei derselben Erbkrankheit in verschiedenen Familien einen recht verschiedenen Erbgang beobachtet hat. Im einen Fall lag z. B. direkte Vererbung über mehrere Generationen vor, wie es nach der *Mendel*schen Terminologie für dominante Anlagen charakteristisch ist. Im anderen Fall zeigte die gleiche Anomalie indirekten Erbgang, der mit großer Wahrscheinlichkeit durch rezessive Erbanlagen bedingt ist. Derartige Verschiedenheiten im Erbgang lassen sich wiederum am besten mit der Hypothese der verschiedenen Potenz ein und derselben Anlage verstehen. Ist diese Anlage in ihrer Wertigkeit besonders stark, so dringt sie überall durch, auch wenn ihr Hemmungsfaktoren entgegentreten, weil diese eine relativ niedere Potenz besitzen. Ist aber die Anlage schwächer potenziert, so wird sie bei Kreuzungen häufig auf hemmende Faktoren stoßen, die sie zu unterdrücken vermögen. Erst bei einer Kreuzung,

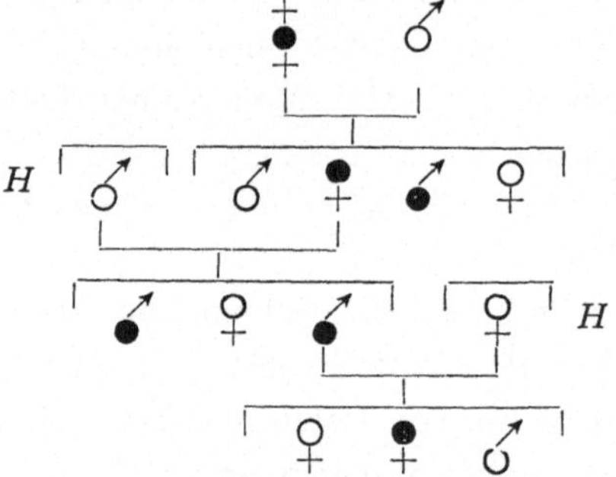

Abb. 6 ⊕ = Pathologische Anlage von hoher Wertigkeit, die durch Hemmungsfaktoren (*H*) nicht wesentlich beeinflußt wird.

bei der derartige Hemmungsfaktoren nicht oder nur in relativ niederer Potenz eingeführt werden, wird die Anlage wieder im Phänotypus der nächsten Generation zur Geltung kommen. Im ersten Beispiel werden wir einen vorwiegend direkten (Abb. 6), im zweiten einen vorwiegend indirekten Erbgang finden (Abb. 7).

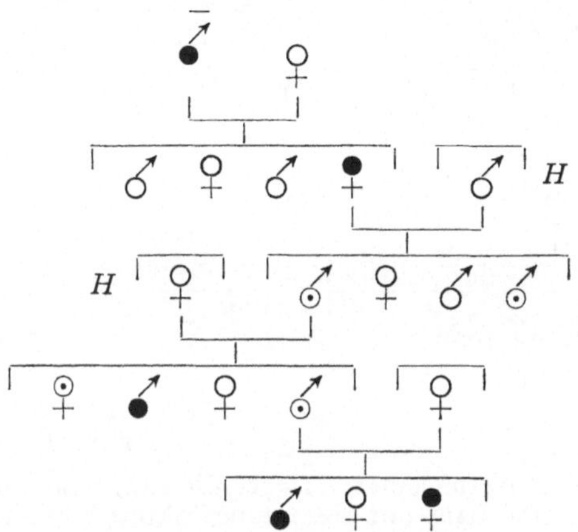

Abb. 7 ● = Pathologische Anlage von niederer Wertigkeit, die durch Hemmungsfaktoren (*H*) leicht unterdrückt wird.

Ganz ähnliche Wirkungen können wir uns theoretisch konstruieren, wenn ein und dieselbe Anlage in den verschiedensten Kreuzungen bald mit Hemmungs- und bald mit Förderungsfaktoren zusammentritt. Wie wir aus dem Schema (Abb. 8) ersehen können, sind dadurch die verschiedensten Möglichkeiten des Erbgangs gegeben. Werden mehrere Generationen hindurch zu der Anlage nur Förderungsfaktoren eingeführt, so bekommen wir das Bild des direkten Erbgangs, während bei der Kombination mit Hemmungsfaktoren die Erbkrankheit vielleicht bis auf geringe Andeutungen (◑) verschwindet, um dann plötzlich bei geeigneter Kreuzung wieder zum Vorschein zu kommen.

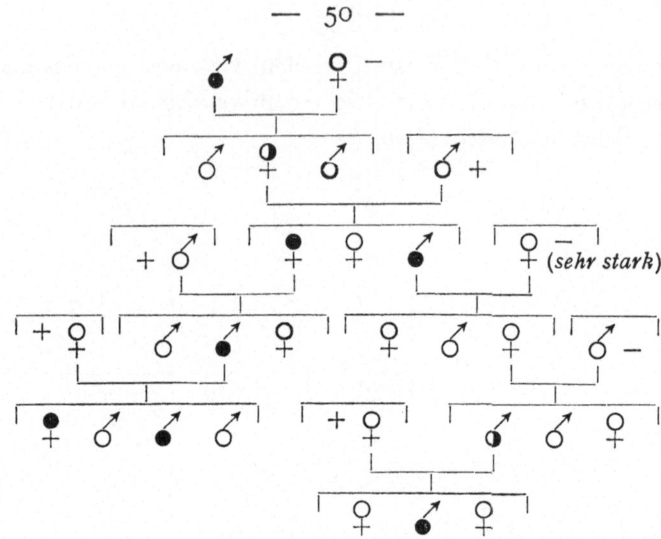

Abb. 8 Erbgang einer Anlage, die sich bald mit Förderungs-
und bald mit Hemmungsfaktoren kombiniert.
+ = Förderungsfaktoren; — = Hemmungsfaktoren.

Wenn wir mit Vorsicht diese Gedanken bei der Hereditäts-
forschung verwerten, so werden wir nach meiner Ansicht
in der Medizin weiter kommen, als bei ausschließlicher Berücksichtigung der starren Kombinationsrechnung,
die uns in vielen Fällen nicht recht befriedigen kann.

V. Die Goldschmidtsche Theorie als Prinzip der Konstitutionsforschung.

Ein wichtiges und eigentlich selbstverständliches Prinzip
der biologischen Erblichkeitsforschung besteht darin, daß
stets nur gleichartige Kreuzungen zu gemeinsamer
statistischer Auswertung zusammengelegt werden. Der
Biologe unternimmt vor jeder experimentellen Kreuzung

durch eingehende Probekreuzungen eine gewissenhafte genotypische Analyse der betreffenden Ausgangsindividuen, und weiß infolgedessen sehr genau über die Art seines Materials Bescheid. Wenn wir auch in der medizinischen Erblichkeitsforschung aus naheliegenden Gründen diesem Beispiel nicht folgen können, so werden wir uns doch bemühen, diese exakte Methode stets im Auge zu behalten. Daraus ergeben sich für uns eine Reihe von Forderungen. Wir dürfen uns, wie es heute vielfach noch geschieht und der technischen Schwierigkeiten wegen vielfach noch geschehen muß, nicht nur mit der Feststellung begnügen, daß der eine Teil der Kreuzung von einer bestimmten konstitutionellen Erkrankung befallen ist; wir müssen uns vielmehr weiterhin für seine Aszendenz interessieren und nachforschen, wie diese Anomalie entstanden ist, ob sie als eine Kombination von Anlagen seiner beiden Eltern zu deuten ist, oder ob sie direkt von der einen Elternseite her vererbt wurde. In letzterem Falle werden wir darauf achten, ob die erbliche Krankheit in ihrer Intensität sich gleich geblieben ist oder ob sie sich in verstärkter oder abgeschwächter Form vererbt hat. Wir werden uns ferner dafür interessieren, ob sie im Erbgang von der Aszendenz her die gleiche Qualität bewahrt hat oder ob sie Modifikationen infolge Beteiligung anderer Anlagen durchgemacht hat. Doch auch der andere gesunde Teil der Kreuzung, deren Resultat wir untersuchen wollen, bedarf einer eingehenden Untersuchung. Es darf uns nicht mehr genügen, daß dieser Teil von der konstitutionellen Anomalie des Partners nicht befallen ist. Bei dieser negativen Charakteristik dürfen wir in Zukunft nicht stehen bleiben, vielmehr werden wir uns bemühen, auch dieses zweite Kreuzungsindividuum an Hand seiner Aszendenz und seiner eigenen Beschaffenheit in seinem konstitutionellen Aufbau näher zu analysieren. Wir ordnen nunmehr die Kreuzungen zusammen, in denen ein bestimmter konstitutionell abnormer Typus sich mit einem bestimmten, näher bestimmbaren anderen (normalen oder abnormen) konstitutionellen Typus kombiniert hat. Die Ergebnisse dieser genau festgelegten Kreuzung dürfen wir dann zu gemeinsamer Auswertung zusammenlegen. Um ein Beispiel aus der psychiatrischen Erblichkeitsforschung anzuführen, werden wir z. B. die Kreuzung eines schizophrenen Probanden mit einem ausgesprochen zyklothymen Ehegatten sondern müssen von der Kreuzung eines Schizophrenen mit einem schizoiden Ehegatten. Die letzte Gruppe werden wir wiederum teilen in Kreuzungen eines Schizophrenen mit einem Schizoiden, der schizophrene Belastung aufweist und in solche, in denen der Schizoide frei ist von dieser Belastung usf.

Wenn die *Goldschmidt*sche Theorie richtig ist — und es spricht sehr viel dafür — so wäre ein zweiter wichtiger Faktor, den wir bei der statistischen Auswertung berücksichtigen müssen, die Quantität der Anlagen.

Es ist z. B., wenn wir einen schizophrenen oder zirkulären Probanden vor uns haben, von großem erbbiologischen Wert, zu wissen, ob es sich bei ihm um einen Prozeß von höherer oder niederer Wertigkeit handelt. Denn, wie wir aus Abb. 6—8 ersehen können, müssen wir im Rahmen der *Goldschmidt*schen Theorien damit rechnen, daß die Kreuzungsresultate infolge einer evtl. vorhandenen verschiedenen Quantitätsdifferenz zwischen pathologischer Anlage und Hemmungsfaktoren in diesen beiden Fällen sehr verschieden ausfallen. Wir werden also als quantitativ gleichartig nur solche schizophrenen Prozeßpsychosen zusammenordnen, die sich in der Intensität ihrer äußeren Erscheinungsform hinsichtlich der Schwere des Zustandsbildes und des Verlaufs ähnlich sind. Um ein Beispiel anzuführen, werden wir eine Schizophrenie, die sich in einem kurzen akuten Schub in der Pubertätszeit äußert, ohne nachhaltige Sekundärerscheinungen zu entwickeln, hinsichtlich des Energieverhältnis von schizophrener Anlage zu antagonistischen Anlagen, nicht auf die gleiche Stufe setzen wollen mit einem akuten, rapid verlaufenden, hebephrenen Verblödungsprozesses. Wir müssen versuchen — zunächst natürlich in grober Gruppierung — quantitative Abstufungen herauszuarbeiten.

Diese nach quantitativen Gesichtspunkten durchgeführte Differenzierung kann sich zunächst nur an die äußere Erscheinungsform halten. Wir wissen aber, daß gleiche phänotypische Eigenschaften sich nicht immer auf derselben genotypischen Anlage aufbauen. Dies trifft auch für die Quantität der Anlagen zu, die trotz gleicher äußerer Erscheinungsform sehr verschieden sein kann. So wird unter Umständen ein schizophrener Prozeß von niederer Wertigkeit, der durch andere antagonistische Anlagen nicht wesentlich modifiziert wird, dasselbe Bild bieten, wie ein hochpotenzierter schizophrener Prozeß, der sich infolge starker Hemmungstendenzen nicht so zu entfalten vermag wie es der ihm eigenen Energie entspricht.

Es fragt sich nun, wie wir diese beiden verschiedenen genotypischen Möglichkeiten trotz der gleichartigen Erscheinungsform voneinander unterscheiden, wie wir ferner diejenigen konstitutionellen Faktoren erfassen, die eine bestimmte Anlage zu hemmen (resp. zu fördern) imstande sind.

Zunächst möchte ich für die zweite Problemstellung eine Form der Lösung angeben. Ich führe ein Beispiel aus der psychiatrischen Praxis an, das ich selbst zu beobachten Gelegenheit hatte. Wir wissen, daß in einer bestimmten Geschwisterserie eine hochwertige schizophrene Anlage vorhanden ist. Wir schließen dies aus einer schweren, rapid verlaufenden schizophrenen Erkrankung, die im ersten Beginn das Bild eines eigentümlichen Liebes- und Beeinträchtigungswahnes geboten hat. In derselben Generation kommt außerdem noch eine andere Psychose vor, die sich in Form eines leichten vorübergehenden Liebeswahns von ganz ähnlichem Charakter manifestiert hat, der ebenfalls deutliches schizophrenes Gepräge trug. Beide Psychosen haben, der äußeren Erscheinungsform nach zu urteilen, zweifellos einen gemeinsamen konstitutionellen Kern. Ihre Verschiedenheit jedoch muß sich durch eine genaue vergleichende Betrachtung der beiden Persönlichkeiten hinsichtlich ihrer Temperamentsveranlagung und ihrer charakterologischen Reaktionsweise, sowie ihres körperkonstitutionellen Habitus ergründen lassen. Zum mindesten wird uns eine vergleichende Konstitutionsuntersuchung Vermutungen an die Hand geben, warum in einem Fall die schizophrene Anlage sich voll und ganz ausleben kann, warum sie im anderen Falle schon gewissermaßen im Keim erstickt ist. Mir schienen bei der Abortivschizophrenie gewisse zyklothyme Elemente in der charakterologischen Veranlagung, eine deutliche hypomanische Stimmungslage verbunden mit der Neigung zu oberflächlicher optimistischer Verarbeitung psychischer Komplexe — Eigenschaften, die selbstverständlich auch biologisch verankert sind — an dem Stillstehen des schizophrenen Prozesses Schuld zu sein. Diese Auffassung möchte ich nur als sehr vorsichtige Deutung vertreten. Sicherlich werden wir, wenn wir einerseits tiefer in die Psychologie der Schizophrenie eingedrungen sind, wenn wir andererseits die treibenden Kräfte, die verschiedenen Strebungen bestimmter individueller Charaktertypen mehr und mehr durchschaut haben, der angeschnittenen Frage nicht mehr so hilflos gegenüberstehen, wie heute noch.

Wir brauchen demnach in der Psychiatrie, nachdem wir die mannigfachen verwandtschaftlichen Beziehungen zwischen den verschieden konstitutionellen psychotischen Erscheinungstypen festgelegt haben, eine vergleichende konstitutionelle Betrachtungsweise, die uns eine feinere Differenzierung ermöglicht. Und dazu sind Geschwisterpsychosen besonders geeignet.

Haben wir auf diese Weise an bestimmten Fällen über gewisse antischizophrene Hemmungsanlagen Aufschluß bekommen, so läßt sich auch über die Quantität mancher schizophrenen Anlagen näheres aussagen. Sind nämlich bei einem Individuum diese Hemmungsfaktoren (z. B. zyklothyme Elemente) vorhanden und zeigt trotzdem die schizophrene Psychose einen schweren Verlauf, so wird es sich um eine hochpotenzierte schizophrene Anlage handeln. Eine leichte schizophrene Psychose läßt bei Fehlen von Hemmungsfaktoren eine geringwertige, bei Vorhandensein der Hemmungsfaktoren eine hochwertige pathologische Anlage vermuten. Ich glaube, daß in Zukunft einmal eine derartige konstitutionelle Differenzierung nach Anlagenquantität möglich ist, wenn wir auch heute von diesem Ziel noch weit entfernt sind. Zweifellos werden wir auf diesem Wege manche Fehler begehen, doch werden uns auch diese in der Erkenntnis fördern.

Wesentlich ist, daß der Erbbiologe bei seinen Untersuchungen — mag es sich nun um Aszendenz- oder um

Deszendenzuntersuchungen handeln — nicht nur die Qualität der Anomalien berücksichtigt, sondern auch ihre Quantität, die zunächst rein nach der äußeren Erscheinungsform gewertet werden muß. Außerdem eröffnet uns die Erblichkeitslehre das bisher noch unbeschrittene Gebiet der feineren konstitutionellen Vergleichsuntersuchungen, die speziell in der Psychiatrie das Konstitutionsproblem fördern und vertiefen werden.

Ich brauche nicht besonders zu betonen, daß das hier entwickelte Prinzip der psychiatrischen Konstitutionsforschung auch voll und ganz für die somatische Seite des Problems gilt. Auch hier wird es das Ziel der Forschung sein, die Bausteine der individuellen körperlichen Entwicklung zu erkennen, Entwicklungstendenzen und Gegentendenzen herauszuarbeiten.